803

日本はなぜ脱原発できないのか

「原子力村」という利権

小森敦司
KOMORI ATSUSHI

HEIBONSHA

はじめに

２０１１年３月の東京電力福島第一原子力発電所の事故から５年が経とうとしている。

私は原発事故の前からエネルギーや環境の分野を担当していたが、あの原発の事故が起きて後、原発という「問題」に本格的に向き合うようになった。

誤解してほしくないが、その当初から、記者としての自分の役割は、被災者や脱原発派の声を聞くことではないと考えていた。

経済部出身の私は、かつて中部電力や経済産業省（当時は通商産業省）の記事を書いていたことがある。少しでも「土地勘」があるのだから、それらが形づくる「原子力村」を描き出すことこそ自分の役割と考えた。

正直に言えば、原発を推進する側の実態、そして原発を支える経済構造を、これまでしっかりと伝えることはできていなかった。

そんな思いで、現在にいたるまで、私なりに、官僚や政治家、電力会社、原発立地地域などの取材を重ねてきた。

東電福島第一原発事故は、民間の9電力体制の発足から60年、福島第一原発1号機の営業運転開始から40年というときに起きた。

原発を抱え、総括原価や地域独占といった仕組みに、長い間、守られてきた日本の電力会社。それを中心にした「原子力村」は、誰にも手がつけられない存在になった。思うに、そこにたまった澱《おり》こそが、事故を起こした一つの原因ではなかったか。

米国のアイゼンハワー大統領が1961年1月の退任演説でこんなふうに語った。

「巨大な軍と軍需産業の複合体が、米国にできあがってしまった。それは私たちの社会の隅々に関わっている」

そうだ、それなのだ。

日本の「原子力村」は、電力会社ばかりか、産業界・財界、官僚、政治家、学者、さらにメディアをも含む巨大で強力な「原子力複合体」とも言える。こんな「原子力村」は他国に例を見ない。

いまの安倍政権は、原発再稼働路線を歩んでいる。脱原発を求める世論が多数を占めているのに、脱原発に舵《かじ》を切ることはない。

それは、強大な「原子力村」が事故後も倒れず、そこにあるからだろう。

原発のない社会を目指すのであれば、この「原子力村」の姿を正しく知らなければならない。いや、原発の是非はともかく、この日本に巣くう「原子力村」は多くの人に知られるべき存在だと思う。

この本は、その一助になればということで、私なりに新聞記者として描いてきた「原子力村」に関係する記事を再構成し、大幅に加筆したものだ。

本書は「原子力村」を立体的に伝えたいという思いから2部構成を取る。第1章から第3章までの前半は2011年の原発事故から現在まで時の経過を追う形にした。第4章から第6章の後半は人物・テーマを焦点に整理する形にした。

むろん、私一人で、「原子力村」のすべてを描くのは無理だが、本書は、これまでの原発事故や電力関係の本で描かれることのなかった、新聞記者ならではの「原子力村」の「観察記」になった、と自負している。

なお、引用したり抜粋したりした記事には掲載日を付した（見出しに東京最終版）。肩書・年齢などは掲載当時のままとし、読みやすくするために最低限の修正を入れた。

日本はなぜ脱原発できないのか●目次

第4章 4人の経産官僚……105

第6章 買われたメディア

写真・資料提供＝朝日新聞社
図版作成＝丸山図芸社

プロローグ　事故後の反省記事

2011年3月の東京電力福島第一原発事故が起きて後、私が事故の約1カ月前に書いた記事がツイッターなどで話題になった。

それは、朝日新聞で様々な意見を採り上げるオピニオン面に出した「記者有論」という論評記事だった。内容は、経済産業省の資源エネルギー庁長官が退官後、すぐに東京電力に天下りしたことを問題視するものだった。

見出しは、「経産官僚の東電『天下り』 環境エネ政策ゆがめないか」(2011年2月8日朝刊)。

冒頭、「この『天下り』には驚いた」と始め、こうつなげた。

経産官僚の天下り

経済産業省資源エネルギー庁の石田徹《とおる》前長官が新年(2011年)早々、東京電力の顧問に就いたという。退任してわずか4カ月余り。いずれ副社長になるとみられる。大畠章宏《おおはたあきひろ》経済産業相(当時)は記者会見で、東電側の要請に基づくので「天下りと質が違う」と語っている。

こんな理屈が世間に通じるだろうか。自民党の河野太郎衆院議員はすかさず「これが天下りでなくてなんなんだ。(こうした関係があって)再生可能エネルギーがものにならない」

とブログで批判していた。

電力業界はこの国で大きな地位を占める。発電から送電、小売りまで事実上の地域独占を許されているからだ。電力の自由化論議は近年進まず、経営は安定している。エアラインのような倒産劇はなく、ブロードバンド料金のような価格破壊もない。

日本は確かに停電が少ない。そこは電力会社を褒《ほ》めたい。だが、今回の「天下り」に見られる経産省との近い関係が、河野議員が指摘するように日本の環境エネルギー政策をゆがめているのでは、と疑ってしまう。

端的なのが、経産省が２０１０年につくった２０３０年までの「エネルギー基本計画」だ。温暖化対策の中心に、再生可能エネルギーではなく、原発の新増設が据えられたのだ。

太陽光発電から生まれる余剰電力の買い取り制度も、消費者のエコな気持ちをなえさせるような仕組みになった。

制度を支えるための「追加負担」は家庭への電気代の請求書に書かれる。だが、電気代に含まれる原発の使用済み核燃料の再処理費用は書かれないままだ。

だから、「太陽光発電を取り入れていない家庭まで、なぜ、負担するのか」と感じてしまう。しかし、太陽光など再生可能エネルギーは「未来」への投資のはずだ。日本が輸入に頼る化石燃料の利用を減らすことにもつながる。

純国産で永遠にある再生可能エネルギーを大胆に入れるべく、経産省にはエネルギー政策の転換が求められている。ときに電力業界とぶつかる場面も出てくるだろう。なのに、「天下り」とは。経産官僚からも、ずぶずぶだ、と嘆く声を聞いた。（記事から）

東電の原発事故の前、この天下りを真正面から批判する新聞記事はほとんどなかった。記者たちは、経産省と電力会社のこんな近しい関係を知りつつも、「別にいいんじゃないの」と見ていた。

だが、よく考えれば、電力会社を所管する資源エネルギー庁の長官が、退任してわずか4カ月後に、電力会社に「お給料」をもらいにいくのは、やはりおかしかった。

事故が起きて後の2011年4月13日、当時の枝野幸男官房長官は記者会見で、石田氏の東京電力顧問就任について「社会的に許されるべきではない」と批判。枝野氏は2月の時点では、省庁の天下りの斡旋《あっせん》にはあたらず問題ないとしていたが、事故があって前言を撤回したのだった。

さらに、枝野長官は、こうした天下りで「（経産省の東電に対する）チェック態勢が甘くなっていたと疑義を持つ人が多数いることは当然だ」と指摘。そのうえで、「行政権の行使の範囲内で、こうしたことを今後させないよう最大限のことをしたい」と語った。マスコミでも、この天下りを批判する報道が増えた。

不幸なことだが、原発事故を経て、ようやく政治家や報道機関は、正常な感覚をすこし呼び覚ました。この人事は白紙撤回となった。

だが、たかが一本の記事だ。すこしも誇れたことではなかった。

事故の前、原発の「問題」をどれだけ追及しただろう。

事故があって後、私は記者としての「反省文」を、やはりこのオピニオン面の「記者有論」に書いた。

見出しは「首都圏の電源　福島への依存 思い知る」。掲載日はまだ厳しい事故対応が続いていた2011年3月22日朝刊だった。こんな内容だ。

福島への電力依存

「福島は首都圏の電力の3分の1を担ってきた」

地震や津波のとてつもない被害に加え、東京電力福島第一原子力発電所からの放射性物質に直面している福島県東部。同県の佐藤雄平知事は3月15日の記者会見で強い口調で、そう語った。

顔を平手打ちされた気分だ。確かに、首都圏に住む人々の電気をたくさん使う暮らしは、福島県などにある発電所が発電してくれるという前提のうえに成り立っていた。

福島県は東北電力の供給エリアにあり、東京電力が同県内でつくった電気は、首都圏を中心とする東電の供給エリアで使われる。首都圏への電力供給のために立地された原発の事故がいま、福島の人々に域外避難などを強いているのだ。

申し訳なく思う。

震災前、そうした電力供給の構図を、頭の中だけで整理していた。まさかこんな形で、原発周辺に住んでいる方々に途方もない苦労をかけることになるとは、思いも及ばなかった。

首都圏の住人である私たちはこの1週間の計画停電で、そうした電力供給の構造をいや応なく学んでいる。東電の発電能力は半分前後になっている。

福島県内にある東電の電源喪失が大きい。同県には完全に止まった福島第一原発、第二原発（合計で900万キロワット余）のほか、一部停止中の広野火力（380万キロワット）などがある。

東電の供給エリアにいる私たちが電気を節約し買いだめをしないことが、どれだけ被災地の復旧に役立つのかは分からない。だけど、それで少しでも電気や救援物資が被災地に届くなら、協力を惜しんではなるまい。

そして、その先。電力需要が増える夏場の大きな「穴」をどう埋めていくか。東電は損傷を免れた火力発電を中心に、めいっぱい運転するしかないのだろうが、計画停電の一段の強化や、浮上している大口需要者の電力使用量の制限も必要になるだろう。

すこし落ち着いた後には、国の電力政策のあり方についての議論が本格化するはずだ。福島の人々からは「今さら遅い」と叱られるだろうが、危険性のない自然エネルギーの大規模導入に向けて、総力を挙げなければいけない。

（記事から）


こうした記事を書いたこともあって、この後、私は朝日新聞社の業務として、電力や原子力の政策について書く役割を与えられた。

この「反省」記事に書いた問題意識は現在まで変わっていない。

いま、九州電力の川内《せんだい》原子力発電所をはじめ、各地で原発再稼働への動きが速まっている。都市が地方に原発という迷惑施設を押しつけたままの状態を続けていいのか。使用済み核燃料という「原発のごみ」もまた、地方に押しつけるというのか。

本書を通じて、この問題も深く掘り下げたいと思う。

まずは、次の第1章から第3章まで、時間の経過とともに、「原子力村」の観察記録をまとめる。

第1章

「村」に切り込む

1　伏魔殿と広大な裾野

東京電力が、福島第一原発の事故収束をめぐって、安定化に向けた工程表を初めて示したのは、２０１１年4月17日だった。決して安心できる状況ではなかったが、なんとか小康状態に入った。

そのころ、朝日新聞の社内では、原発事故に絡んで、日本の原発政策や電力の構造的な問題を読者に伝えることが必要だとの認識が高まっていた。連載の取材チームが立ちあがり、私も加わった。

すでに、インターネットやツイッターでは、「原子力村」という言葉が広がっていた。この言葉は、当初、原子力にかかわる専門集団という意味で使われたが、私たちは、「村」はもっと広いとの解釈をした。

連載のタイトルは社内の会議で「神話の陰に　福島原発40年」と決まった。その1回目の記事を２０１１年5月25日朝刊に出した。

1面の見出しは「原子力村は伏魔殿」、これに続く3面の見出しは「産・政・官・学…広大な『村』」。

この記事で私自身、初めて「原子力村」という言葉を使った。以下はそれを要約したものだ。

原子力部門は「伏魔殿」

東京電力の本社2階に、福島第一原発事故の政府・東電統合対策室（旧統合本部）がある。東電の内部資料に、4月17日午後7時から始まった全体会議のやり取りが記されている。

「吉田所長　レベル7で発電所の域を越えている。体制の抜本的な整備を」
「武黒　今までの応急的な事象とは異なった、懐の深い取り組みが必要」
「武藤　今後の道筋は、大きな方向を二つのステップで記載。大変盛りだくさんで未経験のもの」

事故収束へ向けた工程表を発表した日だった。発言者は福島第一原発所長の吉田昌郎《まさお》（56）、副社長で原子力・立地本部長の武藤栄（60）、技術系最高幹部として社長を補佐する「フェロー」の武黒一郎（65）。武黒は武藤の前任者だ。福島の吉田はテレビ会議システムで参加していた。

チェルノブイリと同じ「レベル7」の大事故への対応に追われる武黒や武藤らは、東電

東京電力

資本金	9009億円
売上高	5兆1463億円
発電設備	6498万kW
従業員数	3万6683人
設備投資額	6149億円

（2011年3月期決算から、単体）

東京電力の「原子力村」　（単位：人）

	働いている東電社員数	協力企業社員数
福島第一原発 1～6号機	1056	4230
福島第二原発 1～4号機	717	2923
柏崎刈羽原発 1～7号機	1147	8421

（09年12月時点）

原子力技術陣約3千人の最上部にいる。専門性のベールに覆われた原子力部門は、社内外から「原子力村」と呼ばれる。

9年前の2002年、村を揺るがす不祥事が起きた。原発の点検記録改竄《かいざん》や虚偽報告などのトラブル隠しが発覚。原子力本部長の副社長と歴代社長4人が引責辞任に追い込まれた。

東電は「原子力部門の閉鎖性を打破する」と、再発防止に取り組む。新しい本部長には火力畑の副社長、白土良一《しらとりょういち》（72）が就任。現会長の勝俣恒久《かつまたつねひさ》（71）は、このとき社長になり、信頼回復を最優先に掲げた。原発の所長には広報部の幹部が就き、一般の見学を増やすなど開放に努めた。

だが、村の根本はいまも変わっていない。柏崎刈羽《かりわ》原発の所長だった武黒は、トラブル隠しの管理責任を問われて減給処分を受けたが、05年には白土の後任として原子力・立地本部長に就任。村のトップは原子力技術者に戻った。

白土は本部長当時、語っている。「火力と比べると手続きが多い。どこに働きかければいいのだろう。村長のいない『原子力村』に入り込んで迷っている感じだ」

07年の新潟県中越沖地震。柏崎刈羽原発では変圧器で火災が発生。その後も火災は相次ぎ、本部長の武黒、副本部長の武藤、原子力設備管理部長の吉田は、減給処分を受ける。社内処分を何度受けようと、村の序列が崩れることはない。

今回の事故から約2カ月後の5月17日の記者会見。責任を聞かれた原子力本部長の武藤は「結果として大きな事故を起こして申し訳ない」と謝罪した。「結果として」の裏に「事故原因は想定外の地震・津波」との認識が見て取れる。6月に引責辞任するが、顧問として助言するという。

原子力村には、専門性のベールに加え、身内同士で固める殻で、社長も容易に手出しできない。経済産業省の元幹部は言う。「原子力部門は伏魔殿。そこを東電が支え、経済社会全体が支える構造になっている」

原子力村は東電の外にも広がっている。

各界を巻き込む広大な裾野

東京電力の原子力部門の始まりは、１９５５年の原子力発電課発足にさかのぼる。手本は欧米の原子炉。「container（コンテナ）を格納容器と日本語に訳すには苦労した。格納庫では、ぴんと来ないし」。のちに原子力村の「ドン」と呼ばれる元副社長、豊田正敏（87）は懐かしむ。

課員は5人。60年、福島県への原発建設が決まり、豊田もかかわる。その原発がレベル7の事故を起こした。「非常用電源が津波で使用不能になったのは、設計に携わった米コンサルタント会社の配置がまずかったから。現場は気づかなかったのか。資金がかかるから言い出せなかったのか」。豊田は不思議がる。

東電は71年に運転を始めた福島第一原発1号機を皮切りに、高度成長期の電力需要をまかなおうと、原発建設に邁進《まいしん》。97年に運転を開始した柏崎刈羽原発7号機が17基目で、2011年、久々に新規の東通《ひがしどおり》原発1号機を本格着工する予定だった。

原子力部門は、いまや約3千人の技術者を抱える。原発の運転・維持費用は年間約5千億円。原発をもつ9電力だと、2兆円に迫る。日本原子力産業協会の会員には、重電メーカーや商社など400社以上が名を連ねる。

原子力村は、東電の中にとどまらず、政界、官界から学界、労働界をも巻き込む広大な世界だ。

原発は1基あたりの建設費が、3千億円とも5千億円ともいわれる。地域独占体制のも

日本の原子力発電の歩み（東京電力の原発事故の前まで）

1886年７月	日本初の電力会社「東京電灯」開業
1939年４月	国策の「日本発送電」設立。各地の電力会社統合
1951年５月	発送電一体の民間９電力体制開始
1957年８月	茨城県東海村で初の原子炉稼働
1964年７月	基本法である「電気事業法」制定
1971年３月	福島第一原発１号機が営業運転開始
1995年12月	「卸」発電事業者の設立解禁
2000年３月	電力の大口需要家向け小売り解禁
2001年11月	経産省の審議会が家庭含む小売り自由化の議論開始
2002年６月	電力の安定供給掲げるエネルギー政策基本法が成立
2002年８月	東京電力の「原発トラブル隠し」発覚。会長・社長辞任
2002年12月	経産省の審議会が「発送電一体」を存続させる答申案
2003年10月	原発推進、発送電一体のエネルギー基本計画決定
2007年１月	東電の「データ改竄」発覚
2007年７月	新潟県中越沖地震で柏崎刈羽原発が全機停止

原発を持つ電力会社

電力会社	売上高（億円）	原発最大出力（万kW）	原発名と基数（カッコ内）
北海道	5460	207	泊（３）
東北	15515	327	女川（３）、東通（１）
東京	51463	1731	福島第一（６）、福島第二（４）、柏崎刈羽（７）
中部	21782	350	浜岡（３）
北陸	4827	175	志賀（２）
関西	24759	977	美浜（３）、高浜（４）、大飯（４）
中国	10288	128	島根（２）
四国	5307	202	伊方（３）
九州	13875	526	玄海（４）、川内（２）
日本原子力発電	1445	262	東海第二（１）、敦賀（２）

売上高は2011年３月期、日本原電のみ10年３月期で、すべて単体。最大出力などは10年３月末。日本原電は電力の卸会社。沖縄電力は原発がない

とでの安定した電気料金収入が、巨額の投資を可能にしている。東電の元幹部は明かす。

「いくら費用がかかっても、（コストに一定の利益を上乗せする）総括原価方式で電気代を上げることができる。だから、経営で大事なのは地域独占を守ること。その独占を持続できるように、各方面に働きかけることが本業になった」

封じ込められた自由化

地域独占は、電力会社が送電網を支配しているからこそできた。90年代から2000年代初頭にかけ、この電力の地域独占を崩そうとする動きがあった。

「東電を筆頭とする9電力は現代の幕藩体制。このままでは日本は高い電気代で競争力を失う」

経済産業省（旧通商産業省）の一部官僚が、電力自由化の旗を振った。旗頭は村田成二《せいじ》（66）。2002年に事務次官に就き、今（2011年5月時点）は新エネルギー・産業技術総合開発機構（NEDO）理事長を務める。

村田らは、電力会社から送電部門を切り離す「発送電分離」を最終目標に置く。総合資源エネルギー調査会の電気事業分科会を表舞台としつつ、電気事業法の改正案を練った。原発の国有化案もあった。

危機感を強めた業界は政治力を使う。「商工族」の衆院議員の甘利明《あまりあきら》（61）や、元東電副社長で参院議員の加納時男《かのうときお》（76）＝10年に議員引退＝らは2000年4月、自民党内にエネルギー政策の小委員会を旗揚げし、議員立法によるエネルギー政策基本法の制定を急いだ。

東電を休職中の秘書らが加納を支えた。法案の「安定供給の確保」という言葉には、発送電分離を阻むねらいが込められた。「原子力」の文字はないが、甘利は国会で「原子力は基本法の方針に即した優秀なエネルギー」と説明。法案の提出者には、後に官房長官になる細田博之（67）も名を連ねた。

基本法は2002年6月に成立。しかし、2カ月後、電力業界で大きな不祥事が発覚する。東電の原発トラブル隠しだ。7月に次官に就いた村田は、会見で「独占供給を認めているのに期待値を裏切る」と憤《いきどお》った。東電は「村田が発送電分離を実現するために仕組んだのでは」といぶかった。

電力業界は窮地に追い込まれながらも、巻き返しに出る。族議員らが、電気事業分科会の自由化議論と並行して進んでいた政策導入に反対した。温暖化ガス抑制のための新たな石炭課税制度だ。村田らはやむなく、発送電分離を引っ込め、石炭課税を優先した。

族議員らは、エネルギー基本計画の策定への圧力も強めた。2003年10月にできた計

日本の原子力村

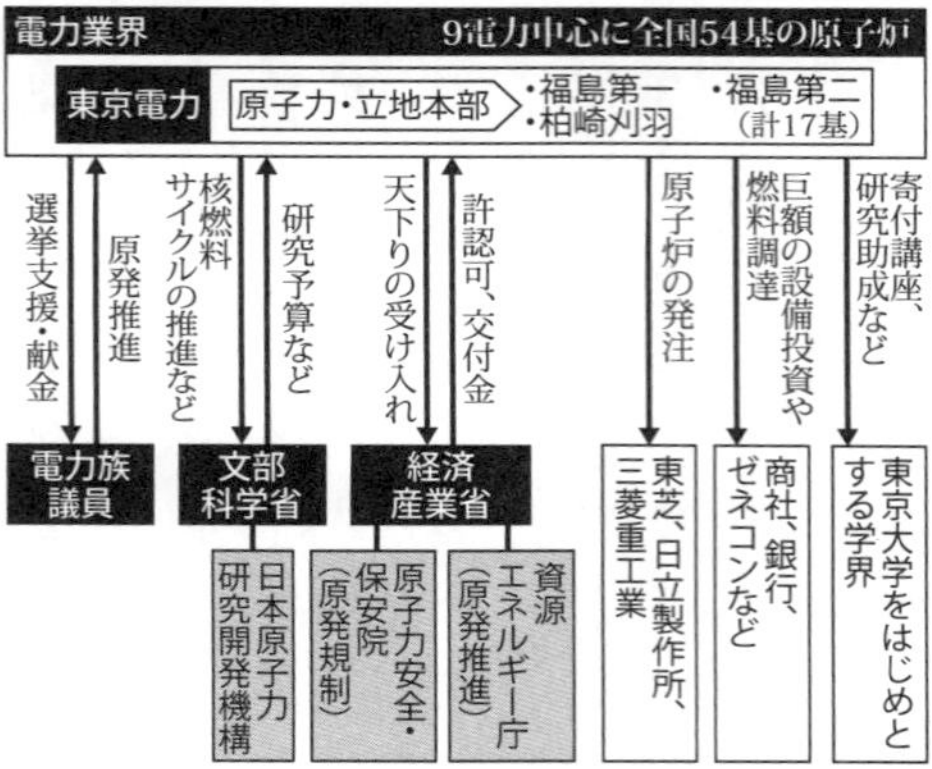

画には「原子力を基幹電源と位置づけ」「発電から送配電まで一貫」という文言が盛り込まれた。

2004年夏、村田が退官すると、電力自由化の機運はしぼんでいく。甘利は06年、経産相に就いた。07年1月、各社で原発の検査データ改竄が発覚したが、原子力安全・保安院は、経営責任を事実上、不問に付した。産業界や族議員は3・11の事故後も、原発推進を声高に唱えている。

（記事から）

この記事には「日本の原子力村」（上図）という図をつけた。その下絵を鉛筆で描いたとき、かなりの「勇気」を持って、重電メーカーなどの名を書き込んだのを思い出す。読者の反響は大きく、雑誌記事などが、これを真似た記事や図を出したときにはうれしかった。

逆に、お叱りの声は、「この図にマスコミがないのはどういうことか」というものだった。実は、下絵の段階では、「マスコミ」も書き込んだのだが、担当デスクから「自虐的」との声があり、消しゴムで消した（皮肉にも、後に私は原発とメディアの「カネ目」の話を書くことになる。それがこの本の第6章である）。

この記事を出す少し前、私は、この記事に登場する加納時男氏に、オピニオン編集部の太田啓之記者とともに2日連続でインタビューした。

太田記者は2011年5月20日朝刊のオピニオン面の「耕論」に、そのインタビューを簡潔にまとめた。

このときの「耕論」全体の見出しは「原子力村」。識者のうちの1人として登場した加納氏の見出しは、「『使い走り』とは失礼千万」だった。以下、そのまま転記する。

東電出身議員の反論

私は1997年に東京電力副社長を辞し、翌年の参院選に自民党から立候補して当選しました。2期務める中で、原子力発電を推進し、エネルギー政策基本法の成立に尽力しました。

私はあくまでも経済界全体の代表として立候補したのであり、「原子力村の使い走りとして国政をやってきた」などというのは、失礼千万です。2期目の出馬の際に開いた1万人集会では、当時の東電社長のほか東芝会長、日立製作所社長、三菱重工業会長もねじり鉢巻き姿で駆けつけてくれた。経済界を挙げての「草の根選挙」だったと思います。

当時の私の秘書5人のうち1人は東電を退職した人で、残る4人は、交代で3年ずつ東電を休職して来てくれました。東電の社長に「いい人がいたら推薦してください」とお願いしたんです。ほとんどが海外留学組で、優秀な方々でした。東電は給与を負担しておらず、国家公務員としての秘書給与に加え、私の事務所で東電の給与との差額分を補塡《ほてん》していました。

そもそも、「原子力村」という言葉自体が差別的です。政治家や官庁、原発メーカー、電力会社が閉鎖社会をつくっている、という意味でしょうが、原子力産業はさまざまな分野の知見を結集しなければ成り立ちません。それを「ムラだ、ムラだ」とおちょくるのは、いかがなものか。

それに、2005年に閣議決定された原子力政策大綱をつくる際には、使用済み核燃料再処理の是非を白紙段階から検討しました。政策大綱が原子力業界だけの思惑で左右されるのであれば、ここまでオープンな議論は不可能だったはずです。原子力行政が独断的、排他的ではないことの証拠です。

専門家養成のため、原子力業界が大学に研究委託や研究費支援をするのも、「癒着」ではなく「協調」です。反原発を主張する国公立大の研究者は出世できないそうですが、学問上の業績をあげれば、意見の違いがあっても昇進できるはずです。ですが、反対するだけでは業績になりません。反原発を訴える学者では、2000年に亡くなった高木《たかぎ》仁三郎《じんざぶろう》さん以外、尊敬できる人に会ったことがない。そもそも「反原発」の学問体系というものがあるのでしょうか。

福島第一原発事故について「津波の想定などリスク管理が甘かった」と言われます。忸《じく》怩《じ》たる思いですが、東電や原子力業界だけで勝手に想定を決めたわけではなく、民主的な議論を経て国が安全基準をつくり、それにしたがって原発を建設、運転してきたわけです。「東電をつぶせ」などと大声で叫んでいる人もいるようですが、冷静な議論が必要です。事故は国と東電、業界全体の共同責任だと思います。

（記事から）

インタビューしながら、加納氏が、東電や重電メーカーとの関係を、あけすけに語ったことは私にとっても衝撃的だった。

その一方で、責任が国や業界にもあると主張したことは、今振り返ると興味深い。東電ひとりだけを悪者にするな、と言っているのだ。

加納氏はその後、メディアに登場しなくなった。東電が、加納氏に「余計なことを語ってくれるな」と「出演禁止令」を出したと私は見ている。

2　菅首相と経産省の確執

今でも、東電福島第一原発事故が、民主党政権下ではなく、自民党が政権にあったときに起きていたら、どうなっていただろうと思うことがある。その後の経緯はだいぶ、違ったものになっていたのではないか。

とにもかくにも、東電の原発事故を受け、当時の菅直人首相は、それまで経済産業省が担ってきたエネルギー政策の決定権を奪おうとする。「原子力村」の主要な村人である経産省は、様々な手を使ってこれを阻《はば》もうと動いた。

折しも、事故を受けて、脱原発を求める声が大きくなっていた。原発の今後をめぐる政策論議に、すこしでも有意義なデータを読者に提示したいと思っていたところで、新たな連載記事の企画が持ち上がった。

連載のタイトルは「電力の選択　ポスト3・11」と決まった。一本目が私に回ってきた。

2011年6月27日朝刊の2面に出したその記事（見出しは「政策見直し 経産省抵抗　戦

略室、動く『Ｋチーム』」）は、官邸と経産省の攻防の一端を切り取ったものだ。次がその要約である。

危機感募らせる経産省

首相の菅直人は４月、原発事故への危機対応が一段落したころ、側近らにエネルギー政策の立案を指示した。

５月になると、エネルギー・環境政策を見直す方針を盛り込んだ「政策推進指針」を17日に閣議決定する。19日には自らが議長を務める「新成長戦略実現会議」を再開。自然エネルギーを強く推進する方向で、見直し議論を進める方針を打ち出した。

エネルギー政策の企画・立案は従来、経済産業省が担ってきた。菅はいま、エネルギー政策の見直しを、電力業界を所管する経産省ではなく、官邸主導で進めようとしている。実現会議の事務局は、内閣官房の国家戦略室。

そんな首相に経産省は危機感を募らせた。エネルギー行政は、経産省の「一丁目一番地」。勝手なことをさせるわけにはいかない。焦《あせ》る経産省は、国家戦略室にいる出向者との連携を強め、巻き返しをねらう。

国家戦略室は約50人の組織だ。政策立案・総合調整にあたるＡチーム、首相に政策提言するBチームがある。そのAチームの一つの班は、関係者の間で「Kチーム」と呼ばれている。

「K」は、経産省のケイ。チームを率いるのは経産省の秘書課長も務めた大物審議官だ。10人ほどのチームの中に経産省出身者が5人。地球温暖化対策で対立する環境省出身者もいるが、実質的に経産省出身者が主導する。

Kチームは、6月7日の実現会議に提出する資料の素案を準備した。実現会議の傘下に設ける「エネルギー・環境会議」を「司令塔」と位置づけ、政策見直しの議論で主導権を取ろうとしていた。会議のメンバーには、民主党からは経産省に近い議員をあてることが予定されていた。

この素案は、菅を不快にさせた。「経産省による倒閣運動だ」。周囲にそう漏らしている。実現会議で実際に配られた資料からは、「司令塔」との位置づけを記した紙が消え、予定されていた民主党議員はメンバーに入らなかった。

実現会議での「主導権工作」に苦戦する経産省が、次の主舞台に、とねらいを定めるのが、経産相の諮問機関「総合資源エネルギー調査会」だ。菅は東電の原発事故を受け、2030年までに原発14基を新増設するエネルギー基本計画を「白紙に戻して議論する」と表明している。だが、本来、基本計画は経産相が総合エネ調の意見を聞いて作成すると、法的に定められている。

経産省は、総合エネ調の傘下に「基本問題委員会」(仮称)を設け、エネルギー政策の基本的な方向性の検討を今月中にも始める。委員長には新日本製鐵会長の三村明夫を据える予定だ。三村は2010年6月、総合エネ調の総合部会長として、現行のエネルギー基本計画の案を通した人物。政策の大転換は望みにくい。

委員会の検討課題などをまとめた準備資料には、再生可能エネルギーを電力供給の「新たな柱」と位置づけつつ、原子力は「最高水準の安全確保」との表現で事実上、維持する方針が示されている。電力業界が恐れる「発送電分離」の文言はない。

経産省は、なぜエネルギー政策の主導権を求めようとするのか。背後には、電力の安定的な供給や電力業界を取り巻く秩序の維持を求める産業界の意向がある。

産業界の中で、電力会社の存在感は大きい。経団連の副会長ポストは、原発事故が起きるまで、東京電力の指定席。元社長の平岩外四は第7代経団連会長だ。地域の経済団体トップも、ほとんどが電力会社の会長。力の源泉は、巨額の設備投資にある。

電力10社の2009年度の設備投資額は計約2兆円。1993年度には5兆円近くに達した。大手電機メーカーやゼネコンに発注するだけでなく、地域経済も潤す。

首相の意地、経産省との対立、政権内の軋轢《あつれき》、産業界の反発——。これらが複雑に絡みあいながら、国民から遠いところで、「ポスト3・11」のエネルギー政策論議が始まっている。

（記事から）

菅首相は虎の尾を踏んだ？

この記事を書いたときには実名を書かなかったが、「大物審議官」とは、経産省から国家戦略室に送り込まれた日下部聡《くさかべさとし》氏のことだ。

過去に電力の自由化にかかわったことがある日下部氏は、電力自由化には前向きだが、脱原発には後ろ向きだ、と関係者から聞いた。

日下部氏は、この国家戦略室時代の働きを評価されたのか、2013年6月、経産省の官房長に、15年7月には資源エネルギー庁長官と出世する。こうした経産官僚の人間模様は、第4章でも描く。

話は戻るが、菅政権と経産省や自民党、財界との間の関係はさらに悪化していった。こんな経過をたどる。

まず、菅首相が11年5月6日、東海地震の想定震源域である静岡県御前崎《おまえざき》市にある中部電力の浜岡原子力発電所のすべての原子炉を停止するよう中部電力に要請した。

さらに同月10日には記者会見で、総電力に占める原子力の割合を将来的に50％に高める

菅首相のエネルギー政策をめぐる発言

4月1日	（原子力について）徹底した検証を始めていく。どういう安全性を確保すれば、国民の安心を確保できるのか、検証の中から明らかになってくる
4月12日	原子力の安全性を求めると同時に、クリーンなエネルギーにも積極的に取り組んでいく。両方にしっかり取り組むことが必要だ
5月10日	事故が起きたことによって、従来決まっているエネルギー基本計画は、いったん白紙に戻して議論する必要がある
5月18日	電力供給は国によっていろいろな形態がある。地域独占ではない形の通信事業が生まれている。そういったあり方も議論する段階が来るだろう
5月27日	自然エネルギーの発電電力量に占める割合を2020年代のできるだけ早い時期に20%を超えるレベルまで拡大していく（サミットでの会見）
6月2日	思い切って自然エネルギーと省エネルギーを大きな柱として育てていく。そのことが安全で環境にやさしい未来の社会を実現することにつながる
6月15日	この法案（再生エネ法）は未来のエネルギーの選択肢を育てる一歩で何としても通したい。そうでないと政治家としての責任を果たせない（超党派の議員勉強会で）

という政府のエネルギー計画について、「いったん白紙に戻して議論する必要があるだろうと考えている」と語った。

同月18日の記者会見では、10年に策定した政府のエネルギー基本計画を見直す中で、電力会社から送電部門を切り離す発送電分離を検討すべきだとの考えを示した。

菅首相が急速に脱原発、電力自由化に傾斜していくことに、私も驚いた。

当時、こうした菅首相の動きが、「原子力村の『虎の尾』を踏んだ」との見方があった。

菅首相が執念を燃やした、再生可能エネルギーの全量固定価格買い取り制度への財界の抵抗も強かった。「原子力村」の主要メンバーである産業界・財界にとって、「再エネ」の拡大は従来の原発関連の利権が壊されてしまう、と映ったのだろう。

3　更迭劇の裏で

2011年夏。脱原発に動く首相官邸と、原発を維持したい経産省との関係が、最悪な状況に陥ったことを示す象徴的な出来事が起きる。

経産省首脳陣の更迭《こうてつ》劇だ。

朝日新聞は2011年8月4日朝刊1面で、「原発関連3首脳更迭へ　事故対応・やらせ引責　首相意向」と特ダネを打った。

菅直人首相が、事務次官の松永和夫氏、原子力安全・保安院長の寺坂信昭氏、資源エネルギー庁長官の細野哲弘《てつひろ》氏の3氏を更迭するという内容だった。

実は、この記事は私があるソースから情報を聞き込み、政治部記者がウラを取って書いてくれたものだ。

政治部は、この人事を「更迭」とし、「東京電力福島第一原発事故の一連の対応や、国主催の原子力関連シンポジウムを巡る『やらせ』問題の責任を問う目的だ」と書いた。
　3人の交代は間違っていなかった。ところが、更迭との見方を否定する声が菅政権の中から上がった。
　海江田《かいえだ》万里《ばんり》経産相（当時）が、朝日新聞の特ダネが出た8月4日午前の会見で3人の交代を発表するのだが、これを「人事の刷新、人心一新」と説明し、「更迭」との言葉を一度も使わなかったのだ。そして後に、通常の定年前の「勧奨退職」で、退職金も自ら願い出て辞める場合に比べて1千万円以上高いという「ネタばらし」となった。
　この騒動は、官邸サイドが、険悪な関係にあった経

原発関連3首脳更迭へ

経産次官・保安院長・エネ庁長官

事故対応・やらせ引責

首相意向

松永和夫・経産次官　寺坂信昭・原子力安全・保安院長　細野哲弘・エネ庁長官

菅直人首相は3日、経済産業省の松永和夫事務次官(59)、寺坂信昭同省原子力安全・保安院長(58)、細野哲弘同省資源エネルギー庁長官(58)の3首脳を更迭する方向で、海江田万里経産相と最終調整に入った。東京電力福島第一原発事故の一連の対応や、国主催の原子力関連シンポジウムを巡る「やらせ」問題の責任を問う目的だ。海江田氏も3首脳を更迭後、速やかに辞任する考えだ。

▼2面＝経産省「解体的出直し」

首相は、電力会社と一体となって原発政策全般を推進してきた経産省への不信感を強めている。今回の3首脳の更迭をテコに、経産省から保安院を分離し、環境省に新設する「原子力安全庁」に規制部門を担わせるなどの組織再編を進める考えだ。

さらに、太陽光など再生可能エネルギーの拡大や電力会社による地域独占の見直しに道筋をつけたい意向だ。

ただ、辞任表明した首相の求心力は著しく下がっている。経産省や与党内から反発が出るなどして更迭人事が混乱すれば、政権運営が一層厳しくなるのは必至。逆に首相の早期退陣につながる可能性もある。

首相は3首脳以外にも官房長ら幹部職員の配置転換なども検討している。一方、海江田氏は3日夜のTBSの番組で「辞める覚悟は決めている」と改めて明言した。

保安院をめぐっては、原子力関連シンポ開催の際、中部電力や四国電力に参加者動員や発言を指示していた「やらせ」問題が7月末に発覚。首相は7月29日の記者会見で「事実だとすれば極めてゆゆしき問題だ。徹底的な事実関係の究明と厳正な対処が必要だ」と表明し、経産省首脳の責任を問う構えを鮮明にしていた。

経産省3首脳更迭のスクープ記事

産省に対して、国主催の原子力関連シンポジウムをめぐる「やらせ」問題を武器に、3首脳に退任を迫る構図だった。だが、そこは手練手管《てれんてくだ》の経産省だ。交代理由を巧みに「更迭」から、「刷新」にすり替えた。

これは許されるものだったのか、といまも私は思う。

松永氏と寺坂氏は、原子力規制行政を担う原子力安全・保安院の経験が長い。松永氏だと2002年7月に次長に、2004年6月には院長になった。さらに官房長などを歴任後、2010年7月に事務次官にのぼり詰めた。

寺坂氏も2005年9月に保安院次長に。商務流通審議官を経て2009年7月に院長になった。

保安院時代、2人は、地震・津波への備えで電力会社に適切な指導をしていたのだろうか。原発事故のあと、それまでの原発行政のあり方は大問題になった。

組織で見れば原子力安全・保安院は2012年9月、原発推進の経済産業省から切り離され、内閣府の原子力安全委員会などとともに一元化した国の原子力規制委員会が発足した。

しかし、その組織を動かしてきた官僚には、何の「おとがめ」もなかった。

とくに松永氏は、事故のあと、東電の救済策に関し、決定的に重要な役割を果たしている。

このことは書いておかねば、と、かなりあとになるが、２０１４年10月22日、朝日新聞の電子媒体「ＷＥＢＲＯＮＺＡ」に書いた。見出しは「東電救済策／事務次官の言葉、闇の中に」だった。抜粋する。

事務次官の太鼓判

「我々も責任をしっかり負う。金融機関も支えてほしい」。２０１１年３月25日、経済産業省の松永和夫事務次官（当時）は、全国銀行協会会長の三井住友銀行頭取（当時）に語った——。

11年5月29日付の日本経済新聞の記事はそう伝えた。福島第一原発事故を起こした東京電力は、経営破綻《はたん》の瀬戸際にあった。大手行が緊急融資約2兆円を行うのかどうか、両者の面談の行方が、東電の生死のカギを握っていた。大手行は、国が本当に東電を支えるのか、気が気でなかった。

事務次官の言葉は、東電を突き放すことはないと銀行に保証するものだった。この面談を受け、大手行は巨額融資を実行した、と他の新聞も伝えた。経産省事務方トップが巨大電力会社を救ったのだった。

その面談の記録はないのか。筆者は純粋な思いで、14年6月、経済産業省に、そのときの「面談に関する、双方の発言記録など一切の資料を」と情報公開請求をした。これに対して経産省は7月、そうした文書は存在しない(不存在)として不開示決定をした。

あれだけ大事な次官の言葉だ、記録を残さないとはどういうことか。あるはずだ。

筆者は、すぐさま行政不服審査法に基づいて、異議申し立てを行った。約3ヵ月が経った。政府の「情報公開・個人情報保護審査会」から10月15日付で、筆者に通知が来た。経産省としては不開示決定を覆す特段の事情はない、として、同審査会に諮問したというものだった。

経産省が10月3日付で審査会に出した、その「理由説明書」も送られてきた。両者の面談内容の記録が「不存在」のわけについて、「理由説明書」はこう言う。

「(経産省は省の行政文書管理規則で)意志決定に係る過程並びに経産省の事務及び事業の実績を合理的に跡づけ、または検証することができるように文書を作成することを義務づけているが、意志決定過程にも至らない面談時における意見交換についてまでその作成が求められているものではない」

事務次官が決定的に重要な言葉を語ったはずなのに、記録を残すまでもない、単なる「意見交換」というのだ。

筆者からすると、あのとき以上に重要な面談は、戦後の日本経済の歴史でそうそうないと思う。

それにしても、面談記録もないのに、大手行はよくぞ巨額融資を実行したものだ。

（記事から）

またも天下り

破綻間際まで追い込まれた東電に対する巨額融資を促したと見られる松永氏は退官後の2013年6月、住友商事と高砂熱学工業の社外取締役に就いた。14年6月にはソニーの社外取締役に就いた。

松永氏は、11年8月の事務次官退任の際の記者会見で、こう語っている。

「（原発事故の被災者に）大変申し訳ない気持ちでいっぱいです」

「改めて被災地の現状を私の胸に焼きつけて、これからの自分の生き方に生かしていきたい」

いくつもの再就職は、氏が原発事故の責任を感じていないことの証ではないか。退任の会見での言葉は、うわべを装っただけだったのか。

ソニーも、何のために松永氏を受け入れたのだろう。取締役候補への決定理由として同社は「グローバルな産業界、行政分野に関する豊富な経験と深い見識を有する」ためとの見解を明らかにしている。

厳しい業績が続くソニーは、松永氏の「言葉」が、自社の業績改善に役立つとでも期待したのだろうか。


ところで、菅政権については、電気料金の解剖という点で、大きな手掛かりを残したことも強調しておきたい。

菅首相のもとで動き出した「東京電力に関する経営・財務調査委員会」の調査によって、これまで「外」からなかなかうかがい知ることが難しかった「総括原価方式」をはじめとする電気料金の内情がかなり明らかになった。

その論評記事を2012年2月9日、「WEBRONZA」に出した。タイトルは「東電の実質国有化『扉』開いた調査委員会報告書」だった。こんな内容だ。

総括原価にメス

東京電力が実質国有化されるのか、政官業の綱引きが激しくなっているようだ。報道も過熱している。そんな国有化への「扉」を開いたのは、「東京電力に関する経営・財務調査委員会」が11年10月に出した報告書だろう。

東電に対して甘い、という人もいるが、筆者はこの報告書を評価している。この日本で9電力体制（沖縄を除く）が発足したのは60年前の1951年だった。ようやくその電力会社の経営に、メスが入った。

調査委は政府の第三者委員会として2011年6月に発足。わずか4カ月足らずだったが、この間、東電の資産や経費を急ピッチで洗い出し、厚いベールをはいだ。この作業で東電は国有化をめぐり、まな板の上のコイとなった。

東電の経営がいかにお手盛りだったか、また、私たち消費者からいかに余分な電気料金を取っていたか。本文だけで167ページにもなる報告書を読み進めると、驚くことがたくさん出てくる。こんな具合だ。

（1）電気料金算定のもとになる見積もりが、実際にかかった費用よりも、過去10年間で計6186億円高かった——私たちが払う電気料金が、不当に高く設定されていた可能性がある。

（2）関係会社の大半が、外部との取引より東電向け取引で多くの利益を上げており、中には外部との取引でつくった赤字を東電の仕事で穴埋めしていた会社もあった——身内で甘い汁を吸っていたのかもしれない。

（3）東電が自己申告した今後10年の合理化方針は1兆1853億円だったが、委員会はそれに追加して1兆3602億円できる、とした——ここにいたっても東電はなお甘いリストラ案を出してきていた。

私たち消費者は電力会社を選べない（地域独占・発送電一体）。しかも、電気料金は電力会社が一定程度もうかるように設定する仕組みになっている（総括原価方式）。そのウラで、東電はこんな経営をしてきたのだ。

同じ構造を、ほかの電力会社も抱えていることが推測できる。コトは東電一社では済まない。ほかの電力会社も、自分たちにいつ飛び火するか、と身構えているだろう。

査定の実務を担ったのは約30人からなる「タスクフォース」だった。事務局長は経産官僚の西山圭太・産業革新機構執行役員。電力の自由化を追求した、経産省のいわゆる改革派の一人と言っていい。電力制度を研究するある学者は報告書をして「調査委は、与えられた使命以上の仕事をした」と言う。

むろん、限られた時間とあって、報告書は東電が会費を出している組織などの調査に及んでいない、などと不十分さを隠さなかった。しかも調査委は、東電が「持続可能な企業として成り立つ」条件を見いだすことが求められた、とする。

東電をつぶすべきだと考える人々にとっては、不本意なものに映るだろうが、この報告書で、ウミが相当たまっていることが分かった。東電の抜本的な経営改革、電力制度の本格的な見直しに踏み出さねばいけない、と思う。

（記事から）

この「総括原価方式」や「地域独占・発送電一体」に守られてきた電力会社は、各地域や産業、政治の世界で強大な地位を築く。その全体像に迫ったのが、次の第２章だ。

第2章　強大な利権構造

1　強固な岩盤、地方の隅々に

「原子力村」の取材をするようになって、原発立地点の政治経済をもっと深く描かなければいけない、と考え始めた。「原子力村」は東京にだけあるのではない。約半世紀におよぶ原発の利用を経て、原発の立地地域の隅々にも広がっている。

よく引き合いに出されるのは、原発と引き換えに国から出る、いわゆる「電源三法」による交付金である。それは安全と引き換えにしているということで、「毒まんじゅう」とさえ言われることもあった。原発1基で、運転開始までの10年間に449億円が地元に落ちる。運転後も交付金は出る。

都市部に原発の立地は無理だから、こうした「原発マネー」をばらまき、地方に電気の多くを頼るという構図だ。この制度ができて1970年代後半から各地で原発立地が進んだ。ハコモノをつくり、維持費のために「また原発を」というところもあった。

しかし、2011年4月、当時の菅直人首相は原発事故をふまえて、54基の原発を2030年までに14基以上増やすというエネルギー基本計画に関して、「白紙に戻して議論する」ことを表明した。

これで原発の計画地は、大変な事態になった。

例えば、山口県上関《かみのせき》町だ。

中国電力が09年4月、原子力発電所の準備工事に入っていた。推進・反対で30年近くもめてきた過疎の町。東電の事故を受けて、工事の作業を中断したままでいた。そうしたときに、私はこの地を訪ねた。

まだ原発はできていないが、町財政はすでに原発交付金に大きく依存し、交付金を使った温浴施設の建設が進んでいた。

推進派の一人は「海がきれいだと都会のもんは言うが、それでは腹は膨《ふく》らまない」と私に語った。都会に住む私たちは、そんな実態に目を向けずに電気を使ってきた。いや、隠されてきたのかもしれない。

私たちの電気代には、その交付金の原資が含まれる。「電源開発促進税」というものだ。少々古いが、政府資料によれば、東電管内の標準家庭で月の電気代約6222円のうち、約108円が徴収される。

だが、電気代の明細書には示されない。それが「電源三法」交付金になる。

そんな論評記事を書いていたとき、朝日新聞では、地域の電力会社の「王国」ぶりを描く連載を始めることが決まり、私もまた取材班に加わった。原発立地地域の実態を描くことが必要だ、という私の提案もすこしは効いたと思う。

この連載取材のため、私は、北海道と九州の原発立地点をレンタカーで走り回った。電源三法交付金だけではなく、電力会社の強大な資金力そのものの取材にも努めた。

そうしてその地の電力会社が、地域の政治経済を牛耳る様も暴いた。

連載のタイトルは「電力支配」。その1回目として、2011年10月13日朝刊に記事を出した。1面の見出しは「地元政界 しがらみ」とし、3面の見出しが「知事も頼る原発マネー」だった。抜粋する。

知事の資金源に

札幌市から南西に約50キロ。羊蹄山のふもと、北海道京極町でダム建設が進んでいる。秋雨のなか、一般車立ち入り禁止の深い山奥を、土砂運搬用の大型ダンプカーが何台も行き交う。

北海道電力の「京極発電所」。夜間電力を使ってダムの水を人工池にくみ上げ、電力使用が多い昼間に落として電気を起こす。

夜間に余る泊《とまり》原発の電気を「有効利用」するための揚水式発電所だ。着工から約10年。2014年度から発電を始める予定で、総工費は約1570億円を見込む。

工事には、大手ゼネコンとともに地元の「伊藤組土建」（札幌市）が加わる。その不動産子会社の会長は元副知事だ。高橋はるみ道知事の後援組織「北海道を愛するみんなの会」の会長を務めている。経産官僚だった高橋氏を知事選に担ぐため、地元の政財界が03年に結成した会だ。

11年9月7日夕、札幌市内のホテル。みんなの会主催のセミナーに、企業経営者や国会議員、地方議員ら約950人が集《つど》った。参加費は1万円。4月に3選を果たした高橋知事にとっては、事実上の祝勝会になる。

会長が声を張り上げる。「みなさまの温かいご支援により、みごと3選を果たさせていただいた」。高橋知事は「全道179市町村で、ご支持いただいた」と頭を下げた。

セミナーは、高橋知事の資金管理団体「萌春会《ほうしゅん》」が協賛した。その会長は、元北海道電力会長の南山英雄氏だ。

萌春会の政治資金収支報告書によると、04年から6年間で、27人の北海道電力の役員や元役員が、少なくとも計297万円を献金。

電力会社との深いしがらみの中で、原発をめぐる地元同意の判断は下されている。

公約実現にも電力マネー

北海道電力の泊原発3号機が11年8月、高橋はるみ道知事の了解を得て、営業運転を再開した。定期検査の最終段階で東日本大震災が発生。営業運転に入れず、調整運転を5ヵ月以上も続ける異常事態が続いていた。

09年に稼働した泊3号機の総工費は約2930億円。地場ゼネコンも工事に加わり、地域を潤す。

原発再稼働を認める判断に、北海道電力の影はなかったのか。高橋知事は、広報広聴課を通して1枚のファクスで回答してきた。「道政の執行にあたっては、道民本位の立場で公平公正な運営に努めている。原発再稼働などに関しても、道民の安全・安心の確保が重要との考えのもと、今後とも道民の視点に立った道政を進めたい」

九州電力の玄海原発（佐賀県玄海町）は、玄界灘の青い海に突き出るように立つ。その東側で、新しい公園の造成工事が進む。玄海町の「次世代エネルギーパーク」だ。太陽光や風力などの新エネルギーを体験学習できる施設で、12年度の完成を予定している。

造成工事を請け負うのは、岸本英雄町長の実弟が社長を務める岸本組。町議の親族企業も工事に加わる。

岸本町長は言う。「町の経済のため、地元企業を優先的に考えている」

総事業費は約14億７千万円。このうち約９億５千万円は、国の核燃料サイクル交付金を充てる。県と町は06年、ウランにプルトニウムを混ぜた核燃料を使う「プルサーマル」の玄海原発導入に同意した。交付金はその見返りだ。

原発の恩恵は、隣接する唐津《からつ》市にも及ぶ。佐賀県は早稲田大学の創設者、大隈重信《おおくましげのぶ》の故郷。早大の系属校、早稲田佐賀中学・高校が唐津市で開校したのは、10年春のことだ。玄関に寄付者の名を書いた銅板が飾られている。最上段の右端の名が、ひときわ目を引く。

「校賓《こうひん》　九州電力株式会社取締役社長　真部《まなべ》利応《としお》」

開校に必要な寄付金は約40億円。九電は20億円を寄付し、開校に道をつけた。

坂井俊之市長らは08年９月、福岡市内での会合で、九電の松尾新吾《しんご》会長に寄付を求めた。そのころ九電は、日本初のプルサーマルを玄海原発に導入する準備を進めていた。地元では「唐津をなだめるための寄付」という声が漏れる。

九電の配慮は近年、九州の中でも佐賀県に手厚い。原発から約70キロ離れた鳥栖《とす》市でも、13年開業予定の「九州国際重粒子線がん治療センター」に、約40億円を寄付する計画だ。

古川康《やすし》知事は、再選をめざした07年の選挙で、「国際的に活躍する人材を育成する学校や大学の誘致」と「がん治療の先端的施設の誘致」を公約に掲げた。その実現を九電が支える。

古川知事は、県の危機管理・広報課を通し、電子メールでこう説明した。

「地域振興のため、企業に対して寄付などの支援を求めることは一般的に行われていること。九電としても、事業趣旨に賛同され、ご協力いただいた」

東京電力福島第一原発の事故後、定期検査で停止した原発が再稼働できずにいる。海江田万里経済産業相は（11年）6月29日、佐賀県入りして古川知事に運転再開への理解を求めた。

経産省が最初に接近したのは、しがらみの深い佐賀県知事だった。ただ、九電による国の説明番組での「やらせメール」問題が発覚、知事を窮地に立たせている。（記事から）

訪れた早稲田佐賀中学・高校で、寄付者名を書いた銅板に九電社長の名前を見つけたとき、私は心の内で、「あっ」と驚く声を上げてしまった。あの早稲田が、電力会社の「世話」になっているとは。そして、こんな形で電気料金の一部が原発推進に使われているとは。

繰り返しになるが、私はかつて電力会社や通産省を担当したことがある。だが、こうした実態を描くことはなかった。

２　再稼働に動く複合体

２０１１年９月２日、民主党と国民新党による野田連立内閣が正式に発足した。「原子力村」はその陰で、着々と原発維持路線へと巻き返しに動き始めていた。12年に入ると、その動きは顕著になった。とくに、定期検査で停止中の関西電力大飯《おおい》原発３、４号機（福井県おおい町）の再稼働が焦点となった。

そんな折、日本原子力産業協会が12年４月18、19日に東京で開いた年次大会を私はのぞいてみた。

同協会の今井敬《たかし》会長（新日鐵名誉会長、元経団連会長）は所信表明で、こう原発再稼働必要論をぶった。「節電努力を呼びかけるだけでは不十分。原子力発電所の再稼働の必要性は、昨年夏に比べても一層高まっている」

同協会は、電力会社や原子力関連企業をたばねる団体で１９５６年に発足（当時の名は日本原子力産業会議)。これまで日本の原子力の推進役を担ってきた。

今大会の国内参加者名簿にも、電力会社や原子炉メーカーの経営陣、国会議員、立地自治体幹部ら300人超のそうそうたる名前が並んでいる。

2011年の年次大会は、東京電力福島第一原子力発電所の事故を受けて中止されたが、今回、2年ぶりに開かれたのだった。

今井敬会長は所信表明でこうも語った。

「原子力発電は引き続き一定の役割を担っていく重要なエネルギー源」

「新たに原子力発電の導入を計画している国からは我が国が有する技術力に、強い期待が寄せられている」

「村」の再始動宣言

まるでニッポン原子力村の再始動宣言のようだった。一方、福島の原発事故で避難生活を強いられている16万人以上の人々に向けては、「原子力の平和利用を推進してきた立場のものとして、おわび申し上げる」などと簡単に触れただけだった。

その2カ月後の2012年6月16日。野田佳彦首相は会談した西川一誠《いっせい》福井県知事からの同意を受け、関係閣僚会合で大飯原発3、4号機に関して「再稼働することを政府の最終的判断とする」と述べ、関電は同日午後2時半に再稼働の作業を開始、7月上旬にも3号機がフル稼働することになった。

放射性物質の大量放出を防ぐフィルター付きベント（排気）の設備が整っていないなど、安全対策への懸念も地元にはあった。だが、財界からは、すぐさま歓迎するコメントが出された。

「安全性の確保に向けた政府の努力と地元自治体の再稼働に対する理解の下での今回の決定を評価する。ほかの原子力発電所も再稼働が進むことを期待する」（米倉弘昌《よねくらひろまさ》・経団連会長）

「我が国経済と国民生活は原子力発電の稼働なしには成り立たない。今回の決定は高く評価する。ほかの原子力発電所も、安全確認を最優先しつつ、できるだけ早期の再稼働を推進していただきたい」（友野宏・日本鉄鋼連盟会長）

東電の原発事故から、まだ1年3カ月しか経っていないときだった。なのに、二人のコメントは、全国の停止中の原発を再び動かしたいとの思いを隠そうともしなかった。

このころ、福島の事故被害者や脱原発を願う人々への挑戦状と言えるような「原子力村」の動きも目立っていた。

国の原発政策の推進役だった元経済産業省事務次官の望月晴文氏は、原子炉メーカーの顔も持つ日立製作所の社外取締役に就くことが明らかになった。年間で推定約2000万円の報酬を得るとされた。松永和夫氏の後任の経産事務次官になった安達健祐《けんゆう》氏は、娘を東電に就職させていたことがネットで話題を呼んだ。

東電に目を転じれば、事故当時、社長だった清水正孝氏が石油精製会社の富士石油の社外取締役になり、会長だった勝俣恒久氏は、3基の原発を持つ日本原子力発電の非常勤取締役に再任されることが分かった。

ないがしろにされた「原発ゼロ」

2012年夏。第1章でも触れた、国の総合資源エネルギー調査会の基本問題委員会（委員長は三村明夫・新日鐵会長）が2030年の「エネルギーミックスの選択肢」をまとめようとしていた。

事務局の資源エネルギー庁がつくった整理案は、原発の割合を「35%」「25%」「20%」「ゼロ」にするといった数字ありきの区分で、脱原発に向けた社会像や政策の方向性が抜け落ちていた。

とりわけ、新規建設をせずに稼働後40年で廃炉にすると原発の割合が15%以下になる（事故前は3割弱）との指摘があるのに、「20%」以上の案が多く用意されたことに複数の委員から強い批判が出た。

ちなみに、この動きを引っ張っていたのは、同庁の今井尚哉《たかや》次長だった。日本原子力産業協会の今井敬会長の甥。元通産政務次官・今井善衛《ぜんえい》の甥でもある。経産省きってのサラブレッドだ。

この今井尚哉氏が、関西電力の大飯原発の再稼働で地元との調整役を担っている。そして12年12月に発足した第２次安倍内閣では首相の政務秘書官に就く。第１次安倍内閣では事務秘書官を務めていた。

話を戻すが、原発再稼働を前に進めたい経産省と、事故後の民意は違った。

エネルギー政策をめぐる「国民的議論」では脱原発を求める声が非常に強く、野田政権は「２０３０年代原発ゼロ」を打ち出さざるをえなくなる。それが９月14日に政府から発表された「革新的エネルギー・環境戦略」だった。

なのに、またしても「原子力村」の巻き返しである。

政府がこの「戦略」の全文を閣議決定しなかったことをもって、財界首脳が歓迎するコメントを出した。経団連の米倉弘昌会長は記者団に「(原発稼働ゼロを)一応回避できたのではないか」との認識を示したという。

経済同友会の長谷川閑史《やすちか》代表幹事も「不幸中の幸い」と話した。日本商工会議所の岡村正会頭にいたっては「歓迎すべきことだ」と評価したという。いずれも、「ゼロ」をないがしろにするコメントだった。

報道機関は、こうしたコメントに誘導されるかのように、「閣議決定できず」に重きを置いて、「骨抜きの恐れ」「ゼロ目標　ズルズル後退」といった見出しの記事を出すことになった。

そして、2012年暮れの総選挙で、自民党は圧勝、政権に復帰する。自民党にも、脱原発を求める議員はいるが、「原子力村」の主要メンバーであり続けた自民党が政権を取り戻した。

自民党は13年7月の参議院選挙でも大勝。原発再稼働への動きは当然、速まる。

3　政権交代で勢いづく

2013年秋、安倍政権による原子力政策の変化を追う連載企画が朝日新聞の経済部で持ち上がった。私もその取材班に加わった。

タイトルは「原発迷走」。再稼働への国民世論の反発も強かったことで、そう決まったのだが、いま思えば、この時点で、もうタイトルは「原発再稼働へ」などと、強めのトーンを出したほうがよかったかもしれない。

この連載では、同僚の松田史朗記者と松浦新記者が、自民党の電力業界に近い議員の動きを丹念に調べた記事を出した。２０１３年12月30日朝刊、見出しは「〈原発迷走６〉衆参で大勝 増える電力族　推進に走る自民」。

焦点を当てたのは、自民党の細田健一衆院議員。こんな内容だ。

増える電力族

参院選を控えた２０１３年５月、原発再稼働に熱心な自民党の議員が集まり、「電力安定供給推進議員連盟」（電力議連）をつくった。細田氏は、その事務局次長になった。

記事によると、細田氏は２０１３年11月のシンポジウムで、夏の参院選で自民党が掲げた公約の一つをスライドに映しだした。

「国が責任を持って、安全と判断された原発については地元の理解が得られるよう最大限の努力をいたします」

そして細田氏はこう胸を張ったという。「『国が責任を持って』という文言は原案にはなかった。私を含めて再稼働すべきだという議員が入れた」

経済産業省出身の細田氏は12年12月の衆院選で初当選。選挙区は、東京電力柏崎刈羽原発（新潟県）がある新潟2区だ。柏崎刈羽原発の下請けを中心とする建設業界などが投票の呼びかけや集会への動員などで支援した。

衆参の選挙で大勝した自民党は、細田氏のような新人議員が一気に増えた。電力議連には新人議員も多い。松浦記者らは「新電力族」と呼んだ。

発足した時は数十人だった電力議連は後に一四〇人を超えた。自民党国会議員約４１０人の約３分の１を占め、とりまとめ役や顧問には、幹事長や大臣を経験した大物議員も名を連ねたという。

ここに、松田、松浦記者が苦労してつくった議連幹部の一覧を転載させてもらう。

私も取材班の一人として、地方の実情を描きたいと、原発を抱える茨城県や新潟県を回り、記事を書いた。それが２０１３年12月23日朝刊に掲載された「〈原発迷走５〉再稼働へ、迫る包囲網　揺れる首長」である。以下、抜粋する。

揺れる首長

56年前（１９５７年）、茨城県東海村に国内で初めて「原子の火」がともった。47年前

自民党の電力安定供給推進議員連盟の会合であいさつする細田博之幹事長代行（中央、自民党本部）

自民党の「電力安定供給推進議員連盟」の幹部たち

電力議連の役職	議員名（選挙区・地元の原発）
会長	細田博之（島根1区・島根原発）
副会長	逢沢一郎（岡山1区）、今村雅弘（佐賀2区）、金田勝年（秋田2区）、坂本剛二（福島5区・福島第一、第二原発）、関口昌一（参院埼玉）、棚橋泰文（岐阜2区）、原田義昭（福岡5区）、山口俊一（徳島2区）、山崎力（参院青森・東通原発）、山本幸三（福岡10区）
幹事長	塩谷立（静岡8区）
副幹事長	江渡聡徳（青森2区・東通原発）、梶山弘志（茨城4区・東海第二原発）、斎藤健（千葉7区）、松村祥史（参院熊本）
幹事	秋葉賢也（宮城2区）、石田真敏（和歌山2区）、坂本哲志（熊本3区）、左藤章（大阪2区）、鈴木淳司（愛知7区）、塚田一郎（参院新潟・柏崎刈羽原発）、西村康稔（兵庫9区）、福井照（高知1区）、松島みどり（東京14区）、宮下一郎（長野5区）、山口泰明（埼玉10区）、山本順三（参院愛媛・伊方原発）
事務局長	高木毅（福井3区・敦賀、美浜、高浜、大飯原発）
事務局次長	細田健一（新潟2区・柏崎刈羽原発）、若林健太（参院長野）
顧問	大島理森（青森3区）、河村建夫（山口3区）、小坂憲次（参院全国比例）、額賀福志郎（茨城2区）、野田毅（熊本2区）、町村信孝（北海道5区）

（1966年）には商業用原発第1号の東海原発（1998年に運転終了）が営業運転を始めた。

原発とともに歩んできた村には、今も日本原子力発電の東海第二原発や日本原子力研究開発機構の施設がある。2013年9月、そのかじ取りを担う村長の選挙があり、副村長をしていた山田修《おさむ》氏が新しく選ばれた。

その数カ月前、となりの茨城県日立市の料亭で山田氏を囲む会が開かれていた。催したのは、東海村がある那珂《なか》郡選出の下路《しもじ》健次郎県議と、村議会の保守系会派「新政会」の6人だ。

「脱原発ではないですね」。下路氏らの問いかけに山田氏は答えた。

「脱原発ではありません」

1997年から4期務めた村上達也前村長は、99年に核燃料加工会社のジェー・シー・オー東海事業所が臨界事故を起こし、原発への疑念を深めてきた。

2011年3月、隣の福島県で東京電力福島第一原発事故が起きる。東海第二原発もあと少し津波が高かったら、海水によってすべての電源が使えなくなり、福島第一と同じ状態になっていたおそれがある。村上氏は東海第二を廃炉にするよう強く主張し、12年には「脱原発をめざす首長会議」の世話人にもなった。

これに不満を募らせたのが下路氏らだ。「村は約50年も原子力とつき合ってきた。従事する人々もこの村をつくってきたのに意見を聞こうとしない」「コンビニや旅館の売り上げが激減しているのに、『クリーンエネルギー』と説かれてもなんにもならない」

下路氏は、東海村を含む茨城４区から出ている梶山弘志衆院議員（自民党）の秘書を務め、10年の県議選で初当選した。

その梶山氏は日本原子力研究開発機構の前身である動力炉・核燃料開発事業団の元職員だ。保守系村議らも原子力関連企業に支持されている。その一人は村上氏の言動を「脱原発に偏りすぎだ」とはきすてるように言った。

とはいえ、村上氏には「脱原発」に共感する村民がつき、現職の強みもあった。３期、4期目の村長選では対抗馬が立ったが、惜敗していた。

自民・民主連合で原発ゼロに対抗

今回の村長選は負けられない。そこで梶山氏や下路氏が注目したのが、隣の日立市にある日立製作所へ通う従業員らの票だった。まとめられるのは、日立労組出身で民主党幹事長を務める大畠章宏衆院議員だ。

「昨年（２０１２年）のうちに梶山先生の側から大畠先生に接触した。村を落ち着かせたいということで、両者で協力できる候補者を選ぼうとなった」。下路氏は明かす。自・民連合のもとで白羽の矢が立ったのが、茨城県から出向していた副村長の山田氏だった。下路氏が春から説得にあたった。折しも村上氏は13年7月、妻の病死などを理由に引退を表明し、実務能力を買っていた山田氏を「後継者」に指名したのだった。

村長選を目前に控えた8月30日の山田氏の総決起集会。梶山氏のほか、大畠氏の代理の民主党県議が出席した。だが、村上氏の姿はなかった。山田氏の選挙対策を担った自・民連合が呼ばなかったのだ。

山田氏は、「脱原発」を訴える共産党推薦候補に圧勝した。選挙戦では、下路氏と連携した日立労組出身の民主党系村議の奔走《ほんそう》が話題を呼んだ。この村議は「村上村長のままでは村がおかしくなると思った」と言う。「30年代の原発ゼロ」を掲げる民主党だったが、足元の現実は違った。

山田氏は朝日新聞の取材に「村内が対立しないようにとの思いで出た。原子力の問題は大事だが、町づくりのテーマはそれ以外にたくさんある」と語る。安全が確認され、地元が同意した原発の再稼働はやむを得ないとして「脱原発をめざす首長会議」には入らない、とする。

ただ、東海第二の再稼働にはこう言った。「前村長の思いは聞いてきた。周辺地域の意

東京電力福島第一原発事故後の原発再稼働をめぐる動き

2012年5月	北海道電力泊原発３号機が定期検査に入り、国内の原発50基すべてが停止
	野田政権が関西電力大飯原発３、４号機の再稼働を決める。関西広域連合が「事実上容認」の姿勢を打ち出したため
7月	原発再稼働に反対する抗議行動が全国に広がる
8月	野田政権が夏に取り組んだ国民的議論について、「少なくとも過半の国民は原発に依存しない社会の実現を望んでいる」との検証結果を示す
9月	原発の安全性を科学的に確かめる原子力規制委員会が発足
	野田政権が「2030年に原発稼働ゼロ」をめざす革新的エネルギー・環境戦略を決める
12月	総選挙大勝で発足した安倍政権が民主党政権の「原発ゼロ」方針を白紙に戻し始める
2013年7月	東電原発事故を教訓とした新しい原発の規制基準が施行。電力４社が５原発10基の再稼働を求めて安全審査を申請
	新潟県の泉田裕彦知事が東電の柏崎刈羽原発の再稼働申請の動きにからみ、規制基準だけでは住民の安全を守れないと主張
12月	経済産業省が「エネルギー基本計画」の原案で、原子力発電を「基盤となる重要なベース電源」と位置づける

向もある。風が変わったと簡単に思ってもらっては困る」

集う推進派

「柏崎刈羽の再稼働に向けた動きをやるかね」。柏崎市議会で議長をしたこともある丸山敏彦市議は２０１３年７月、刈羽村議会の佐藤一三議長にささやいた。

丸山氏は、原発がある市町村議会議長会の初代会長を務めた。顧問として出席した協議会の総会で、ほかの地域が再稼働に気勢を上げるのを見て、佐藤氏に呼びかけたのだ。

こうして11月20日、「柏崎・刈羽明日のエネルギーのまち研究会」が旗揚げし、地元の商工業者ら約100人が集まった。12年3月から7基すべてが止まっている柏崎刈羽の再稼働を目指す組織だ。

丸山氏は言う。「原発が止まったままで、雇用者は数千人減った。地域から、それだけのくらしがなくなったわけで、地元経済は冷えこむばかりだ」

研究会は東電の意向を受けてつくったわけではないという。だが、柏崎刈羽6、7号機などを動かそうとする東電に厳しい姿勢を続ける泉田知事を意識している。「『圧力』ではないが、地元の知事に対する意思表示だ」

新潟県内の原発関連企業などでつくる「新潟県原子力活用協議会」も9月、原発を活用した地域活性化をテーマにした講演会を柏崎市内で開いた。東電の原発事故から2年以上が経ち、原発で潤ってきた地元の再稼働への動きが活発になっている。

泉田知事の後援会長は、新潟商工会議所の敦井《つるい》栄一《えいいち》前会頭（北陸ガス社長）が務める。多くの知事と同じように、支持母体の中心には地元の経済界がいる。

知事に取材を求めたところ、このようなコメントが返ってきた。「補正予算により、原発の停止が長期に及んでいることに対する支援策を実施する予定で、倒産や解雇という事態を極力防ぎたい」

（記事から）

この取材を終えて、私は徒労感を覚えた。

「原子力村」がこの日本の中央、地方の政治に巣くっている。

東電福島第一原発事故があっても、まったく、変わっていない。むしろ、原発維持のため、「原子力村」は結束を強めているかのように見えた。

だが、事故で、原発の抱える様々な課題が表面化した。第３章では、そうした課題にも目を向ける。

第3章

「国策」の果てに

1　知らぬ間に国民転嫁

安倍政権の再稼働路線は加速する。国策として進めてきた果ての原発事故を経て、なお、原発を維持するという選択をするのだ。読者、国民に伝えるべきことがたくさんあった。例えば、事故後に「検証」された原発のコスト問題を改めて調べたい、と私としては思っていた。また、原発をめぐる民意ももっと深く探ってみたかった。

まず原発のコスト問題。東電福島第一原発事故の対策費用が膨らんでいく中で、原発の発電コストがどれほど上がったのか、また、その費用負担はどうなっているのか。タイミングよく、電力のコスト分析に詳しい学者の新しいリポートを入手した。

それを材料に２０１４年６月27日朝刊１面に「原発コスト　火力より割高　専門家試算　福島第一の対策費増加」との記事を出した。引用する。

事故対策費で原発は割高に

運転を止めている全国の原子力発電所が２０１５年に再稼働し、稼働40年で廃炉にする場合、原発の発電コストは11・４円（１キロワット時あたり）となり、10円台の火力発電より割高となることが、専門家の分析でわかった。東京電力福島第一原発の事故対策費が膨らんでいるためだ。政府は原発を再稼働する方針だが、「コストが安い」という理屈は崩れつつある。

福島第一原発事故の費用と負担の状況

内容	費用（億円）	負担者
損害賠償・賠償対応	49,865	電気利用者（主に電気料金）
除染	24,800	国民（東電株の売却益）
中間貯蔵施設	10,600	国民（電源開発促進税）
事故収束・事故炉廃止	21,675	電気利用者（電気料金）
原子力災害関係経費	3,878	国民（国の予算）
計	110,819	

電力会社の経営分析で著名な立命館大学の大島堅一《けんいち》教授と、賠償や除染の調査で知られる大阪市立大学の除本理史《よけもとまさふみ》教授が分析した。

両教授が、政府や東電などの最新資料を分析したところ、福島第一原発の事故対策費は約11兆1千億円に達した。政府が13年12月に示した「11兆円超」という見積もりを裏付けた。

発電コストは、発電所の建設費や燃料などの総額を総発電量で割って計算する。菅政権がつくったコスト等検証委員会は11年12月、原発の発電コストを実態に近づけるため、実際にかかる事故対策費や政策経費も総額に加えることを決め、試算した。

このときの事故対策費は約5兆8千億円とされ、原発の発電コストは8・9円と試算された。04年の経済産業省の試算は5・9円だった。大島教授が今回、この計算式に約11兆1千億円の対策費を当てはめたところ、9・4円になった。

原発の再稼働手続きが進む実際の状況に近づけようと、停止中の原発のうち40年の「寿命」を迎える5基を除く43基が15年に再稼働し、40年で廃炉になる条件を加えたところ、11・4円になった。

これだと、同委員会が出した石炭火力の10・3円、LNG（液化天然ガス）火力の10・9円と比べて、原発は割高となる。（記事から）

この1面記事に加えて、解説記事として「原発コスト　国民に転嫁　賠償金、料金原価に組み込み」を3面に出した。

問題は原発のコストが高いというだけでなく、11兆円にのぼる東電の事故対応費用の国民への転嫁も進められようとしていたことだった。

「11兆円の請求書」の納得いく説明もないままに国民の側にツケが回されようとしている。そんな実態も私としては伝えたかった。

賠償金などを国民に転嫁

東京電力福島第一原発事故で原発の発電コストは膨らみ、その負担は国民に押しつけられている――大島教授と除本教授は、原発のコストとその負担が厳しく問われるべきだと主張している。

両教授の分析で出た東電の原発事故対策費約11兆1千億円は、原発が放射性物質をまき散らす大事故をいったん起こすと、火力などとはけた違いの甚大な経済被害をもたらすことを示す。原発はコストが安いと言われたのは、こうした事故対策費などをコストに含めてこなかったからだ。

大島教授が試算した1キロワット時あたり11・4円という原発の発電コストは、停止中の原発が2015年に運転を再開し、「寿命」の40年で廃炉にするという条件も加えたものだ。

安倍政権は（14年）4月に決めたエネルギー基本計画で、原発を「重要なベースロード電源」として、再稼働する方針を明記したが、各電源の発電コストは数字で示していない。事故対策費なども含めると、原発のコスト面での優位性が小さくなることを恐れたのではないか。原発比率など電源構成のあり方を決める際には、こうした実態に近いコストを考慮する必要がある。

約11兆円もの事故対策費の負担が国民に転嫁されつつある状況も、両教授は明らかにした。例えば損害賠償の費用は、国が必要な資金を東電に用意し、この大部分を業界全体が

「一般負担金」として返す仕組みになっている。

除染費用も、本来国庫に戻すべき政府の東電株の売却益が充てられることになった。

一方で、東電をつぶさなかったことで株主や社債権者、金融機関が守られる、というゆがんだ構図が続く。

両教授は「事実上、東電を救済する動きが強まっている。これでは電力会社が原発事故のリスクを軽視することになる」と見る。国費を使うにしても、「事故に対する国の責任を認め、それに基づく負担ということをはっきりさせるべきだ」と指摘している。


（記事から）

事故処理費は取りやすいところから

最低でも11兆円におよぶ東電福島第一原発事故の対策費用は誰が負担すべきだろう。

東電福島第一原発事故は「人災」ではなかったか。国会の事故調査委員会は、「何度も地震・津波のリスクに対応する機会があった」と東電の対策の不備を厳しく指摘している。

まずは東電がこの費用を負担するのが当然だが、大島教授と除本教授の分析から、実際には東電の負担は限定され、きちんとした説明がないまま、電気利用者や国民への転嫁が進んでいることが分かった。

記事にも書いたが、例えば「一般負担金」は、原子力損害賠償支援機構が東電に用意した賠償資金を賄《まかな》うため、東電と他の電力会社が機構に返すお金だ。関西電力は13年５月の値上げの際に、一般負担金を原価に算入。大島教授の推計だと、平均的な家庭の月額電気料金７３０１円のうち、65円になる。

関電の利用者で、この負担についてしっかり説明を受けた人はいるだろうか。同様に、他の電力各社も、次々と負担金を原価に算入していった。東電管内に住む私も払う。

東電の経営幹部らが地震や津波への対策を先送りした結果とされる事故の代償を、なぜ私が負わないといけないのか。

安倍政権は13年11月、事故対策で「国が前に出る」と、東電任せの対応の転換を表明した。費用負担という面から見ると、国庫に入れるべき機構保有の東電株の売却益を除染にあて、電気料金に上乗せした税金を原資とする特別会計を中間貯蔵施設の建設に使う、というものだ。

適切な指導や監督ができなかったという国の責任を認めたうえで国費を投入するというのならまだ理解できる。だが、そんな説明を政府から聞いた記憶はない。結局、「取りやすいところから取る」ということだったのだろう。

2　広がる民意との乖離

安倍政権の原発再稼働路線に対し、もう一つの大きな問題が民意との乖離《かいり》だと私は考えていた。

あの東電原発事故を目の当たりにした多くの人々が「脱原発を」との思いを抱いた。なのに、安倍政権はそうした声をあえて聞かないようにしていた。

私は、エネルギー基本計画に対するパブリックコメント（パブコメ）を私自身の手で分析することによって、その事実を明らかにした。２０１４年11月12日朝刊、その記事（見出しは「『脱原発』の意見　１万７６６５件で94％　エネルギー計画　パブリックコメント」）が掲載された。次のような内容だった。

パブコメを独自分析

安倍内閣が２０１４年４月に閣議決定したエネルギー基本計画をつくる際、国民に意見を募った「パブリックコメント」で、脱原発を求める意見が９割を超えていたことがわかった。朝日新聞が経済産業省に情報公開を求めて開示されたすべてを原発への賛否で分類した。経産省は基本計画で原発を「重要なベースロード電源」と位置づけたが、そうした民意をくみ取らなかった。

経産省が13年12月6日に示した基本計画の原案に対し、対象の1カ月間にメールやファクスなどで約1万9千件の意見が集まった。同省は14年2月、主な意見を発表したが原発への賛否は分類していなかった。

エネルギー基本計画に対する原発への賛否と主な意見

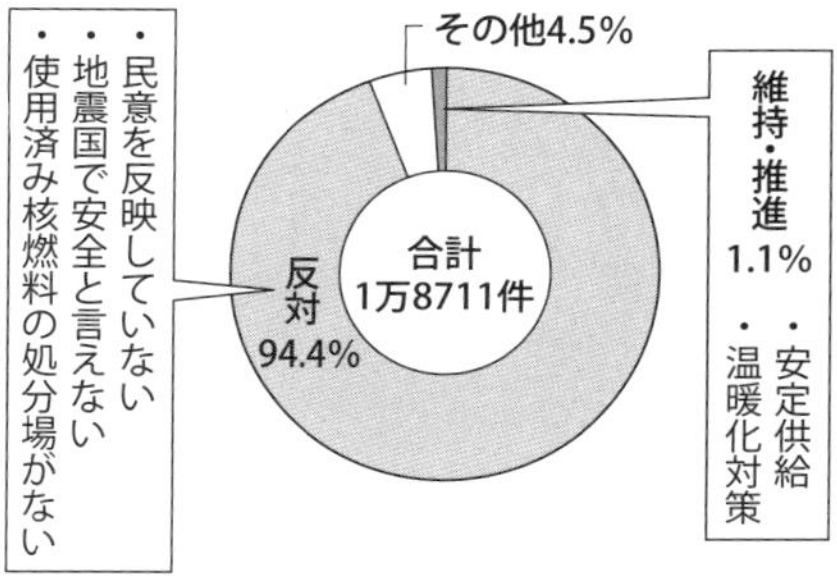

パブリックコメントを朝日新聞で分類

開示されたのは全部で2万929ページ。複数ページに及ぶものを1件と数えると1万8711件だった。

廃炉や再稼働反対を求める「脱原発」は1万7665件で94・4%。再稼働を求めるなどした「原発維持・推進」は213件で1・1%、賛否の判断が難しいなどの「その他」が833件で4・5%だった。

脱原発の理由では「原案は民意を反映していない」「使用済み核燃料を処分する場所がない」などが多かった。「原発維持・推進」の理由では、電力の安定供給や温暖化対策に原発が必要との意見があった。

開示文書は、個人情報保護のため名前が消されているが、「脱原発」の意見には同じ文面のファクスが数十件あるなど、何度も意見を送った人もいたようだ。

経産省は、今回の基本計画をめぐるパブリックコメントのとりまとめでは「団体の意見も個人の意見も1件。それで数ではなく内容に着目して整理作業をした」として、原発への賛否は集計しなかった。（記事から）

この朝刊記事が出た14年11月12日、朝日新聞の電子媒体「WEBRONZA」で、このパブコメの分析の経緯を詳しく書いた。前出の新聞記事と少々ダブるが、以下、引用する。見出しは「原発賛否で安倍内閣・経産省が秘密にしておきたいこと」だった。

9割占めた脱原発

「脱原発」が9割超、「原発維持・推進」は1%。安倍政権はそうした原発の賛否割合という重要な情報を国民の前に示さなかった。脱原発の声が多くなると見て、あえて分類しなかったのだろうか。それでいいのか――。

実は私も、民意を探る手段としてパブコメが万能とは思わない。パブコメは、強い思いを持つ人が出す傾向がある。それでも、国民が直接、政府に政策づくりで意見を言うことができる大切な手法だと思う。原発のような意見が分かれるような重要な問題では、その賛否の割合も知っておくべき情報のはずだ。

その点では、貴重な前例があった。民主党の野田内閣は2012年夏、2030年代の原発の依存度をめぐって、「国民的議論」としてパブコメや各地での公聴会などを実施した。このパブコメでは、約8万9千件のうち87%が、「0%」を選んだ。

野田内閣は、さらに公聴会やマスメディアの世論調査なども参考にして、国民の過半数が原発に依存しない社会を望んでいると判断し、「2030年代に原発稼働ゼロ」の方針を決めた。この民意を政策に反映させようとした試みは、もっと評価されていいと思う。

自公連立の安倍内閣に変わって後の今回の政策決定はどうだったろう。

時の政権の意向に従ったものだろうが、経産省は13年12月6日、原発を「重要なベースロード電源」と位置づけた基本計画の原案を示し、それから1カ月間、パブコメに付した。

経産省は14年2月、集まった意見は約1万9千件だった、と発表した。

野田政権のときより数が大きく減ったのは、原発維持に動く安倍内閣へのあきらめ感だけでなく、パブコメを求めているという国民へのPRも足りなかったのではないか。

この2月の発表時、経産省は寄せられた主な意見も明らかにしたが、原発の賛否割合という重要な情報は出さなかった。経産省の担当者に聞くと、そもそも今回は原発への賛否を分類していない、という。当時の茂木《もてぎ》敏充《としみつ》経産相は「数ではなく内容に注目して整理を行った」と国会で説明した。

経産省の苦しい言い訳

しかし、それは苦しい言い訳だった。

あれだけの災禍《さいか》に見舞われた東京電力福島第一原発事故の後、はじめてのエネルギー基本計画だ。原発政策のあり方が問われているのは、菅・野田政権のときと変わりない。やはり、パブコメなどを通じて、政府として原発への賛否という民意を探る必要があったはずだ。

政府がやらないなら自分で分類をやってやる。私は14年3月、経産省に対して、パブコメに寄せられた意見のすべての開示請求をした。膨大な量になることは分かっていた。私はもう経産省の情報公開窓口の常連になっているが、さすがの窓口担当者も驚いていた。さて、開示されるだろうか。民主党・野田内閣のパブコメでは基本的にその「コメント」が開示されていた。だから、非開示決定はできないはず、とひそかに思っていた。

予想どおり、経産省は5月上旬、個人情報保護のために名前を消す作業の終わった2301ページをまず開示し、9月上旬には残る1万8628ページを開示した。コピー代は

１枚10円。つまり全部のコピーをもらうのに、20万円余りの費用がかかった。

ということで、９月上旬、私の目の前に、２万枚を超えるコピーが積み上がった。重ねたら１メートルを超えそうだった。

どう分類しよう。微妙な判断も求められそうでアルバイトを使うわけにはいかない。日々のニュースに追われている前線の記者に応援を頼むのも心苦しい。やはり、独力でやるしかないな、と覚悟を決めた。

「エネルギー基本計画」のパブリックコメントに寄せられた意見のコピーの束

まずは、分厚いファイルを集め、そこに数百枚〜千数百枚ごととじ込む。と同時に、書類の脇にシールを折り曲げて貼る「タックインデックス」を大量購入。そのうえで、ファイルにとじたコピー１枚１枚に目を通しはじめた。

原発に反対の意見はその用紙の「上」のほうにタックインデックスを貼る。一方、原発に賛成の意見は「下」のほうに、「その他」は真ん中ぐらいに、と貼り付けていく。「再稼働反対」「いますぐ廃炉に」などと目に飛び込んでくるものはいい。だが、読み込まねば真意が分からないものも少なくなく、これに時間がかかる。

かなり早い段階で、絶望感にとらわれた。やってもやっても減らない。経産省が分類してくれれば、こんな苦労しなくていいのに、と何度も思った。意見を寄せた方には失礼だが、眠くならないよう受験勉強時代のごとくガムをかみながら、頑張った。

原発維持・推進は1%

そして、ようやく14年11月初旬、全部に目を通しおえた。

複数ページに及ぶものを1件として数えると、1万8711件。原発への賛否では、廃炉や再稼働反対を求める「脱原発」が1万7665件で94・4%だった。「原発維持・推進」は213件1・1%、「その他」は833件4・5%だった。

「脱原発」の意見の中には、同じ文面のファクスも数十件あったが、名前が消されているので、同一人物によるものかどうか判断できない。やむなく、それぞれを1件として数えたが、仮に同一人物でも、大勢に変わりはなさそうな量だった。

とにもかくにも、反対を示す「上」のほうのタックインデックスが異様に膨らんだコピーファイルの山ができた。

やはりパブコメの結果は「脱原発」が圧倒的だったのだ。

この分類は実質的に筆者１人でできた。経産省であれば１週間もあればできた作業だろう。それをしなかったのは、やはり、この分類結果を出したくなかったのだろう。

ちなみに朝日新聞社の14年10月下旬の世論調査でも、安倍政権が進めようとしている原発の再稼働については、「賛成」は29％で、「反対」の55％が上回った。13年６月以降、同じ質問を９回しているが、傾向は今回も変わらなかったと記事は書いている。

原発回帰のエネルギー基本計画、そして原発再稼働への動きは、民意の裏打ちを欠いていた。

（記事から）

３　変わらない推進構造

２０１５年は戦後70年という節目だった。

朝日新聞では、このときをとらえ、様々な企画記事を出した。

この一環で、原発やエネルギー政策の戦後史を、と各部の記者を集めた取材班をつくるのだが、原発の開発は戦後しばらくしてから始められたし、９電力体制発足も１９５１年ということで、「戦後70年」企画とは銘打てない。

しかし、老朽化した原発5基の廃炉が決まる一方、この夏にも原発が再び動き出すという時期をとらえ、半世紀にわたる原発推進の歴史が招いた「もの」を描くことは大事なことだと、取材を本格化させた。

タイトルは「国策の果て」と決まった。私が「名づけ親」だった。

半世紀にわたり、国策として進められてきた原子力。その「果て」にあったのは、11年の東京電力福島第一原発の事故だった。その歴史を問い直したいという思いだった。

サブタイトルは「岐路の原発」となった。事故を経て、私たちは、原発を続けるのか否か。歴史的な視点から、その材料を読者に提示しようとしたのだった。

その1回目、いわゆる「原発マネー」の部分の話を私が書いた。それが次の記事である。2015年3月24日朝刊（3面)、見出しは「原発誘致　割に合わなかった」だった。以下、引用する。

電源三法の仕組み

福島大学特任教授の清水修二（66）は、1980年、京都から福島市に移った。「都市と農村」の関係を研究し、福島大学で教えることになったからだ。

88年のことだ。市内の病院のロビーにあった「アサヒグラフ」に、元首相の田中角栄の記事を見つけた。

田中の原発がらみの言葉に感心した。「東京に作れないものを作る。作って、どんどん電気を送る。そしてどんどん東京からカネを送らせるんだ」

すぐにメモに取った。

「労働力や食料を都会に提供させられてきた農村側のしたたかな発想。優れた着眼だと思った」

田中が首相時代につくった電源三法の仕組みのことだった。電気料金に上乗せして資金を集め、原発がある地域に配分する。

清水は、田中の地元への柏崎刈羽原発（新潟県）の誘致にちなみ、これを「新潟３区的発想」と呼んだ。

原発事故で自身も被災者となった。「福島の犠牲は大きすぎた。割に合わない取引だった」。いまは電源三法の廃止を唱える。

12年3月、作家・大江健三郎も参加した「原発いらない！」福島県民大集会の集会宣言は清水が起草した。こう訴えた。「福島原発は首都圏にエネルギーを供給してきた。電力を大量消費する大都市住民の『生き方』が問われているのです」

原発の歩み

1951年5月	地域独占、発送電一体の民間9電力会社発足
1954年3月	原子力予算提出
1956年1月	原子力委員会発足
1964年7月	基本法の「電気事業法」公布
1966年7月	日本原子力発電の東海発電所が運転開始
1967年5月	関西電力美浜原発1号機の着工式。約3年後に万博に送電
1971年3月	東京電力福島第一原発1号機が運転開始
1973年10月	第4次中東戦争から第1次石油危機に
1979年3月	米国スリーマイル島原発で事故
1986年4月	ソ連のチェルノブイリ原発で事故
2002年6月	エネルギー政策基本法成立
2011年3月	東日本大震災。福島第一原発事故
2012年9月	野田政権が「2030年代原発ゼロ」
2014年4月	安倍政権が原発再稼働含む基本計画決定

13年12月、大熊町と双葉町の両町議会は、福島第二を含む県内の全原発の廃炉を求める意見書を可決した。清水は言う。「大きな前進だ。だが、原発誘致は間違った選択だったとはっきり言ってほしかった」

地方で続く原発依存

2014年10月9日、鹿児島県薩摩川内市の文化ホール。九州電力川内原発1、2号機の再稼働に向けて県などが開いた「住民説明会」には、地元の住民ら千人近くが参加した。10人の発言者のうち、前川内商工会議所会頭の田中憲夫（77）が最後にマイクを握った。電気工事「川北電工」の会長を務める。推進側のまとめ役として、「賛成意見がある」と挙手し、発言を求め続けた。

9人の意見は再稼働に反対だったり、慎重だったりするものだった。田中は意に介さず、言い切った。「詳細な説明で疑問点が払拭《ふっしょく》された。(原発の)安全が担保された」。拍手が起きた。経済産業相だった小渕優子は翌日の会見で、「不安が払拭されたとの声もあったと聞いております」と語った。

川北電工の前身は1945年の創業だ。九電とは前身の「九州配電」からの付き合いで、売り上げの4割が九電関連だ。「原発は地場産業。それで食べている人がいる。ここで生活していかないといけない」

JR川内駅の豪華な駅舎は、04年の九州新幹線の部分開業に合わせて完成した。川内3号機の新設に向けた環境調査に地元が同意した後の03年、九電はこの駅の周辺整備などに15億円の寄付を表明した。

川内原発元次長の徳田勝章(77)が裏で動いた。定年退職し嘱託の身だった。「市側から20億円という感触が伝わってきた。私が社長らに話すと、10億円ぐらいなら、との答えだった。結局、間をとって15億円で落ち着いた」

原発事故後、徳田は原発マネーのあり方に疑問を抱くようになる。「国から電源交付金をもらい、電力会社から寄付金ももらう。元はといえば電気代だ」

だが、原発を持つ地域のほとんどが「原発依存」から抜け出すすべを見つけ出していない。

廃炉後の課題

9電力初の原発、関西電力美浜原発1号機（福井県）は1970年8月、発電に成功し、開催中の万国博覧会会場に送電した。

万博に家族で3度、通ったという元美浜町商工会長の松下正（82）は振り返る。「誇りだった。原発はすばらしいもんやと、みな、思っていた」

町では作業員のための民宿の建設ラッシュ。営む建具店も繁盛し、新築した家のローンも早々に返せた。

あれから40年余。肺を患って入院中、テレビで福島の事故を見た。不安が募った。「原発との共存の時代は終わったのか」

美浜1、2号機は運転開始から40年が過ぎ、廃炉が決まった。放射性廃棄物をどうするのか。使用済み核燃料を一時的に保管する中間貯蔵施設を受け入れるべきか。思いをめぐらす。

貯蔵施設は「原発ごみ」の置き場になると嫌われてきた。だが、長年、反対運動をしてきた元美浜町議の松下照幸（66）も脱原発を条件に受け入れを言う。

「原発で汗を流す人たちといろんな行事を一緒にやってきた。でも、私の反原発活動はその職を奪うもの。ずっと負い目だった。原発が止まるなら、雇用の受け皿をつくらないと」

廃炉を見越して2012年9月、自然エネルギーの町への転換による雇用創出を訴えた提案を町長に出した。財源として、貯蔵する使用済み核燃料に「保管税」を課す。町の自立へのバネに、と願っている。「国策の果て」の宿題が残る。（記事から）

この記事で、「川北電工」の説明で、「売り上げの4割が九電関連だ」と書いた。たった13文字である。

この数字を取るために、私は、鹿児島県庁にのべ3日通った。建設業者が都道府県に出す工事経歴書なるものを閲覧するためだ。そこに、どんな企業から、いくら受注したかが書いてある。

係員にお願いして、川北電工のつづりをもらいうける。すぐ前のテーブルで、粛々と自分のノートに書き写していく。数十ページにおよぶ。間違いがないか、もう一度、チェックする。そうしてはじめて、川北電工がどれだけ九州電力に依存しているのか、を描くことができた。

自分自身の反省を込めてだが、そうやって原発依存の構図を、丹念に描く努力を報道機関は怠ってきた。原発依存が続く背景には、伝えるべきことを伝えてこなかった報道機関にも責任があるのではないか――。

一体化した官と民

この「国策の果て」の連載記事の初回、「国策」の意味をはっきりさせたいと識者談話をつけることにした。

多数の電力会社の社史編纂に携わった橘川武郎《きっかわたけお》・一橋大大学院教授（エネルギー産業論）にお願いすることになった。

橘川教授の指摘は、要約するとこんな内容だった。

「1951年、電力の国家管理が終わり、9電力体制が成立した。9電力会社は民営路線の定着のために合理化に励んだが、73年の石油危機で行き詰まった。『脱石油』として原発が選ばれ、立地促進に電源三法交付金が使われた。国の力を借りたそのとき、原発は明確に『国策』になり、官と民は次第に一体化していった。事故に対する東京電力の謝罪は当然だが、『国策』なのだから、官僚や政治家も同罪のはずだ」

日本の電力史に詳しい橘川教授の「一体化」という言葉は重いと思う。

これに続く「国策の果て」の連載2回目も私が書いた。今度は真正面から政治の動きを描いた。連載1回目でも触れたが、「原子力村」の歴史をさかのぼる中で再び出会ったのが、田中角栄という「巨大」な政治家だった。2015年3月25日付朝刊、見出しは「原発 各地に『ミニ角栄』 利権と票 族議員が台頭」だった。以下、引用する。

カネを地方に逆流させる

「生まれはどこだと聞かれたので、私は、岡山でございますと。田中さんは、それは川端康成の『雪国』のようなロマンだな、雪をめでるような世界だろと。だが、オレの雪は生活の闘いなんだと」

1971年7月、新潟の豪雪地帯からはい上がった田中角栄は通商産業相（現経済産業相）に就く。後の通産事務次官、小長啓一《こながけいいち》（84）は大臣秘書官になって早々、田中とそう話したのを覚えている。

小長らが、田中の郷里再建への思いをもとに書き上げた『日本列島改造論』は72年6月に出版。「人とカネとものの流れを地方に逆流させる」。その手法として、原発立地や後の電源三法につながるアイデアも盛り込まれていた。

田中は自ら柏崎刈羽原発の誘致に尽くす。首相時代に直面した「石油危機」に対しては、

国会で石油危機対策などをめぐる質問に答える田中角栄首相

発電所の立地に交付金を出す電源三法をつくる。田中は73年12月の国会で、原発の必要性を強調し、言った。「やっぱり地元にメリットを与えなきゃなりません」

小長は言う。「発想をたどると、田中さんがつくった（ガソリン税などを道路整備にあてた）道路特定財源がある。電源三法の財源も電気料金に上乗せなので、大蔵省（現財務省）は自らの税収を使われない、電力業界も経営に影響しない、と抵抗は少なかった」

電源三法は急スピードで翌74年10月施行となる。これで各地の原発建設に弾みがつく。小長は今でも田中を高く評価する。「原発ができたところでは関連の雇用が増えた。電力の安定供給にもつながった」

原発が着工すると、その地では工事にかかわる土木建設業や宿泊サービス業がどんどん膨らむ。三法の交付金によるハコモノも次々できる。そんな原発につらなる利権と票で、全国各地に「ミニ角栄」的な政治家が生まれていった。

象徴するようなひとつのエピソードがある。

中国電力で少数派の労働組合活動をしてきた濱崎忠晃《はまさきただあき》（79）は90年の総選挙の際、「集票表」と題した紙を手に入れた。

中国電力島根支店がまとめた資料で、島根の大物政治家に対する票の獲得目標と見られた。その政治家の兄は中国電力の社長、会長を歴任した実力者だ。

表には事業所ごとに従業員、ＯＢ、取引業者などの集票目標を示し、総計は８万４千余とあった。濱崎は言う。「営業現場がからっぽになるぐらいの企業ぐるみ選挙。そんな体制で原発を続けてきた」

電力自由化と原発の両立は可能か

日本経済の構造改革が求められた１９９０年代、電力業界は通産省（現経産省）が進める「電力自由化」で原発を持てなくなるのでは、と恐れるようになる。

原発は、巨大な建設費が必要で、廃炉まで数十年という長期事業だ。投資を確実に回収できる総括原価方式や地域独占があってできたが、自由化でその根幹が揺らぐというのだった。

これに電力業界に近いとされる議員らが動く。２００１年、議員立法でエネルギー政策基本法案を国会に提出したのだ。提出者には後に経産相になる甘利明や官房長官になる細田博之らが名をつらね、元東電副社長の加納時男も作成にかかわった。

基本法は「安定供給」と「環境保全」を掲げた。原発なら、石油のように中東に依存しないし、温室効果ガスも出さないとの理屈だった。

当時、自由化を担当していた資源エネルギー庁電力市場整備課長で、現在、慶應義塾大学教授の川本明（56）は振り返る。「電力会社の政治的なアクション。自由化で手荒なことをしてくれるなと感じた」。経産省の自由化の取り組みは止まり、基本法に基づく03年のエネルギー基本計画では、原子力が「基幹電源」とされた。

原発の存在感が増していくなかで、東京電力福島第一原発事故が起きた。

当時、経産官僚だった古賀茂明（59）は直後の11年4月、「銀行や株主、経産省幹部らの責任を不問にしたまま国民に負担が押しつけられてはならない」と、東電を破綻処理する提言を発表しようとした。

ところが、経産省幹部から「大変なことになる」と止められる。経産省は当時の民主党政権の中枢に、大停電や市場の混乱を理由に東電の生き残りを説得したようだった。古賀はその後、同省を去る。

安倍政権は原発の再稼働方針を明確にする一方、16年からの電力小売りの全面自由化も決めた。

15年1月末の自民党の電力自由化の会合。出席した議員からは「自由化は再稼働とリンクさせてほしい」「(原発など) 大規模発電所の投資回収の仕組みを確保するべきだ」などと電力寄りの発言が相次いだ。

原子力関連施設の多い茨城県が地盤の額賀《ぬかが》福志郎《ふくしろう》が議論をまとめた。「再稼働や廃炉、資金調達の問題。将来の電力会社のイメージを持ちながら議論したい」。自由化が進んでも原発を維持できる「仕組み」づくりが始まっている。（記事から）

紙幅の都合で削られたが、田中角栄は、柏崎刈羽原発になる土地取引に絡み、巨額の資金を手にしたと後に関係者が証言している。それが党総裁選の軍資金になった可能性がある。怖くなる話だ。

ところで、この政治の話には続きがある。実は、このとき、民主党の動きも取材したのだが、紙面に収まりきらず、その部分はカットされてしまった。それで「WEBRONZA」（2015年3月27日）で伝えた。引用する。

民主党にも「族」議員

今では遠いことのように思えるが、民主党の野田政権は2012年9月、いわゆる「国民的議論」などをふまえ、「2030年代原発ゼロ」方針を打ちだした。だが、最近でも、原発維持に動く民主党議員は少なくない。というより、勢いを増しているように映るのだ。

こんなエピソードを見つけた。

ちょうど1年前のことになるが、14年春、A4一枚の「集計表」が、民主党の国会議員の間に出まわった。民主党は当時、トルコなどへの原発輸出を可能にする原子力協定の会議を重ねていた。

その表は、会議ごと、議員の発言などから協定への賛否を○×で記したものだった。出席した議員がまとめたものとみられる。その表を入手した私は、これを参考に取材を進めた。

党として野田政権に対する「2030年代ゼロ」提言をまとめた近藤昭一議員や、『原発廃止で世代責任を果たす』の著書がある篠原孝議員らは、「国内で『ダメ』とするのに海外に売れるか」と反対論をぶった。

逆に、電力会社の労組や電機メーカーの労組と親密な議員は協定賛成論を唱えた。ある電機メーカーの労組出身の議員は、取材に「日本企業に応札させないという権利はないはずだ」とその理由を語った。

「表」によれば、民主党が計6回開いた会合では協定反対論、つまり「輸出するな」派が多数だった。3月27日の5回目までの会議の出席者数はのべで81。うち反対が46、賛成が30、中立が5だった。

　ところが、3月28日の金曜日、党本部から週明け31日の月曜日に再び会議を開くとの連絡が関係議員に届く。突然の開催通知で、地元から戻れなかった議員が多かったようで、31日の会議の参加者は20人と少なく、賛否は10対10の同数と、「表」は伝えている。

　民主党の「次の内閣（ネクストキャビネット）」は4月1日、協定について賛成を決めた。「表」のカウントが正しいとすれば、この決定は、私には不可解だ。どんな「力」が働いたのだろうか。

　近藤議員は採決のあった4月4日の衆院本会議を棄権した。今回の私の取材に対して、党の方針決定へのコメントを避けた。はっきりしているのは、14年12月の総選挙で電力会社の労組は近藤を推薦しなかったことだ。（記事から）

　ここまで、２０１１年3月の東京電力福島第一原発事故のあと、時間の経過に合わせ、「原子力村」の動きを書いてきた。

　次章からは、「原子力村」の一角をなす経産官僚の姿、そして原発稼働に伴う「ごみ」の問題、また、原発とメディアの「カネ目」の話と、人物・テーマごとに描く。

第4章　4人の経産官僚

民主党政権が崩壊していくのを横目に、私は、2012年の後半から、朝日新聞が事故後に朝刊で連載を始めた「プロメテウスの罠《わな》」で、経済産業省の官僚の動きを描きたいと、数カ月、その取材に力を入れた。

タイトルは「原発維持せよ」に決まった。普段は表に出てこない官僚たちの動きや考えを鮮明に現そうと、焦点を当てる人物を4人に絞った。

一人目は、原発事故のあと、インサイダー取引の罪で起訴されたことで話題になった元資源エネルギー庁次長・木村雅昭《まさあき》氏だ。

二人目は元資源エネルギー庁原子力政策課長の柳瀬《やなせ》唯夫《ただお》氏。安倍政権が誕生すると首相の事務秘書官の一人になった。現在は、本省の経済産業政策局長になっている。

三人目は野田政権のもと、原発のコスト計算や「2030年代原発ゼロ」方針づくりに関わった元経産官僚の伊《い》原智人《はらともひと》氏。電力自由化に挑んだ経産事務次官・村田成二氏の系譜につらなる。

四人目は原子力安全・保安院次長から、資源エネルギー庁長官、さらに経産事務次官に登り詰めた望月晴文《もちづきはるふみ》氏だ。後に華麗な天下り生活を送る。

掲載は2013年4月13日から始まり、5月3日までの全20回（朝刊）にのぼった。

原発再稼働に動く経産官僚の実像、そして脱原発に挑んだ異色の官僚（伊原氏）の実像に相当迫ることができたと思っている。

以下は、その連載を再構成・圧縮したものだ。「プロメテウスの罠」はルポタッチで描くため、第3章までと文体が変わる（いずれも敬称略）が、よりビビッドに人物を描くことができたと思っている。

1　再稼働シナリオを書いた次長

「止めるなど、ありえません」

「国のため、原発はなんとしても維持しなければならない」――。2011年3月の大震災後、経済産業省で原発維持の最初のシナリオを書いたのは、資源エネルギー庁次長の木村雅昭（54）だった。

12年2月、半導体大手「エルピーダメモリ」にからむインサイダー取引の罪で起訴された。現在は起訴休職中だ。その木村が、事件後初めて取材に応じた。

マスコミを避けるため、自宅を引っ越している。新住所はごく親しい人にしか明かしていない。会ったのは13年3月、東京・本郷の東大赤門前の喫茶店でだった。

現れた木村は、スーツにネクタイ姿だった。隙のない服装は休職中でも変わらない。奥の席に座ると、持ってきた黒革のカバンから、薄い黄色のリポート用紙を出してテーブルに置いた。

事前に質問状を送ってあった。木村はそのひとつひとつに対し、リポート用紙に要点を書いていた。話が込み入ってくると、ときにはそれを読み上げた。取材は正午すぎから4時間近くに及んだ。

「原発を全部止めるなど、国民生活と経済を考えたらありえません」

「日本の電力のうち再生可能エネルギーはわずか1％です。5年や10年で代替できるはずがない」

原発の継続こそが国のためである——。彼の論理だった。

木村は1981年、東大経済学部から当時の通産省に入った。主としてITや資源などを担当し、エリート官僚の道を歩んできた。

2011年3月、福島で原発事故が起きると、経産官僚は原発を守ろうと動き始めた。木村はその先駆けのような役割を果たす。

直後の6月、木村は証券取引等監視委員会の強制調査を受ける。

商務情報政策局担当の審議官だった09年の「エルピーダメモリ」株取引をめぐる金融商品取引法違反容疑だった。のちに起訴されたが、無罪を主張し、公判は今も続いている。

取材に応じた理由を木村はこう明かした。

「そっとしておいてほしいという気もしたが、経産省の当時の実情を伝えた方がいいと思いました」

「原発を国策として進めた政府・経産省は、東京電力と連帯責任の立場にあるはずです」

（2013年4月13日）

対外秘のペーパー

2011年の原発事故から約3週間後、木村は、経済産業省官房長の上田隆之（56）に呼ばれた。

3月末ごろだったが、手帳を押収されているため日付は分からない。

経産省別館4階のエネ庁次長室から渡り廊下で本館に。11階に上がって官房長室に入った。

上田とはいっしょに仕事をしたことがあり、親しい間柄だ。上田は多くは語らなかった。

「エネルギー政策の見直しを考えてくれ。やり方は任せる。組織としてやるんだから、プロジェクトチームをつくればいい」

経産省として、エネルギー問題の根本を考え直さなければならない。それをだれにやらせるか——。

事故後の当時、エネ庁は計画停電への対応で手いっぱいだった。長官の細野哲弘《てつひろ》（60）はそちらにかかりきりだ。

上田は気心の知れた木村に投げた。木村はエネルギー政策を立案する総合政策課長を経験しており、それも頭にあったのだろう。

木村はこの作業に、能力を買っていた需給政策室長の石崎隆（45）とエネルギー戦略推進室長の定光裕樹《さだみつゆうき》（43）の2人を使った。

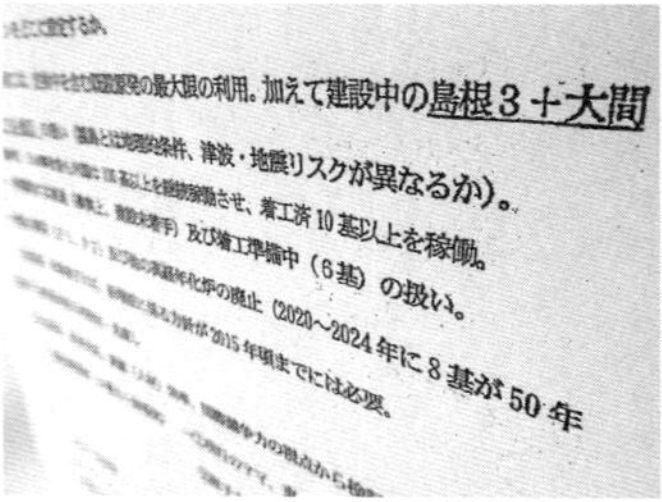

木村雅昭氏がまとめた「原発維持シナリオ」の一部

4月上旬、「エネルギー政策の見直しについて」と題するペーパーができあがった。それはまさに「原発維持シナリオ」だった。A4判で9ページ。世に出ると反響が大きいので、1枚目の右上に「未定稿（対外秘）」と付した。

官房長やエネ庁長官に説明に回った。エネルギー政策にかかわる主な課長も顔をそろえていた。ただ、経産相の海江田万里（64）までそれが届いたかどうかは分からない。

電力に対する国の管理を強化する内容だった。原発を維持するとともに、頑丈な電力供給構造をつくりあげる――。

主要なポイントは木村自身が書いた。震災や原発事故を踏まえた「基本的視点」としてこう記した。「エネルギーが国民生活・経済活動の基盤であり、国は何よりもその安定供給に責任を負わなければならないことが再確認された」

本郷の喫茶店で、木村は語っている。

「震災後、産業界は電力不足を理由に生産拠点を西に移すと言い始めていました。こんなとき、原発を全部止めることはできない」

「電力の供給を考えたら、現実的に原発は欠かせないのです」（２０１３年４月14日）

「ムードで止めるな」

木村が中心になってまとめた「原発維持シナリオ」は、２０１１年の4月上旬にできた。原発事故から1カ月にもならない時期で、世の中はまだ騒然としていた。

木村はこう絵を描く。

――議論に時間をかけることで、原発の継続は必要だという線に意見をまとめていく。そして最終的には、原子力はやはり必要なのだという常識ラインにもっていく――。

起きるはずのない事故が起きて何万人もが避難させられた。原発を止めろとの声が起きるのは当然だと木村も思っている。

「しかし、原発が全部止まったら、経済活動や国民生活はとてもやっていけない。数カ月はもつかもしれないが、サステナブル（持続可能）ではない」

その論理展開は、一般国民の感覚からかなり離れている。だが、木村は原発が電力の3割を占めるという現実を見るべきだし、現実に冷静に対処するのが官僚だ、と考えた。

シナリオで木村は、事故は「地震」が原因ではなく「津波」のせいだと強調している。

「何が事故の原因か。福島第一原発は非常用電源が津波で水をかぶって動かなかった。一方、女川《おながわ》原発は高台にあり、大丈夫だった」

これについて木村は「原発が地震に弱いという考えは違うんじゃないかと言いたかった」と話す。ひとつの事故だけで原発の安全性を判断してはいけない、と。

さらにシナリオは「原発のボトムラインをどこに設定するか」と踏み込む。経済産業省として、逆風の中で最低限で何基の原発を維持するか。その線引きをしようとした。既設原発は最大限利用。建設中の大間原発と島根原発3号機も。それが木村の防衛線だった。

1979年の米スリーマイル島原発の事故後を参考に引く。

「米国は事故後も100基以上を継続稼働させ、着工済み10基以上を稼働させた」

米国もそうなのだから、日本だって既存の原発の運転を続けていってもいいではないか――。

電源開発の大間原発は4割近く工事が終わっている。それも完成に持ち込み、稼働させたかった。

「国が安全審査をしてここまで持ってきた以上、止めるなら国家損害賠償の話になる。ムードで原発を止めるべきではありません」

口調は真剣だった。

（2013年4月15日）

国が原発を支える体制

木村が2011年4月上旬、「原発維持シナリオ」をまとめて経産省官房長の上田隆之に説明したとき、上田が言った。

「電力システム改革につなげたいんだ。電力の自由化など、もっと大胆に考えていいんじゃないか」

1990年代後半、経産省内には電気代を安くしないと日本は欧米との競争に負けてしまうという危機感があった。そのためには電力に競争を持ち込む必要がある。業者が電気料金の安さを競い合うような仕組み、つまり電力の自由化だ。

その動きは、電力会社の政治力を使った巻き返しで止まっていた。上田は原発事故を契機に、それをまた動かそうと考えたのかもしれない。

だが、木村の考えは違った。1カ月後の5月上旬。「当面の対応」と題したメモをつくる。そこで電力自由化については「過度に事業リスクの高まる見直しは避ける」と書き、上田に渡した。

木村はその理由をこう語る。「事故と自由化は関係ありません。それに電力が足りないとき、自由化しても電気代は下がりません」

原発事故で明らかになったのは一電力会社では事故の全責任を負えないということだった。賠償など、国が前に出て支える体制をこそ議論すべきだと木村は思った。原発維持のためにはそれが筋道だ、と。

しかし木村の考えのようには事態は進まなかった。その後の議論は、自由化へと向いていく。

2013年2月18日、官邸4階大会議室で政府の産業競争力会議が開かれた。その席で経産相の茂木敏充（57）が電力自由化を明確にした。「競争や選択を通じて、低廉かつ安定的な電力供給を実現します」

経産省の自由化論は、発電と送電部門などを分ける発送電分離も視野に入れるものとなっていた。

電気事業連合会長で関西電力社長の八木誠（63）は、浮上した発送電分離論に「今の状況では（原発は）多分持てない」と会見で語った。

業界資料だと2月時点で先進国で原発が建設中なのは米、仏、フィンランドの各1基だけ。建設が進まない背景は、多くの国で電力が自由化されているためだ。まず巨額の建設費を集めるのが大変だ。事故のリスクも大きい。放射性廃棄物の処理も私企業だけでは手に負えない。

国が原発を支える――。その構図が、自由化をめぐる論議からも浮き彫りになっている。

（2013年4月19日）

2　官邸入りした元原子力課長

一本釣りで秘書官に

2012年暮れ、経済産業省の審議官、柳瀬唯夫（51）は首相・安倍晋三の事務秘書官の一人になった。

柳瀬は、国がいまの原発・核燃料サイクル推進路線を固めたときの経産省の担当課長だ。首相秘書官を務めるのは2度目。1度目は08年の麻生太郎のときだった。そのときの仕事ぶりからだろう、一本釣りされた。

秘書官は交代で首相のカバン持ちをする。官邸入りを前にした慌ただしい時間の合間をぬって取材に応じた。「トイレも、一瞬のスキをみて行く生活が始まります」と笑った。

柳瀬が資源エネルギー庁の原子力政策課長になったのは04年6月22日のことだった。07年7月に異動になるまでの間、原子力政策の基本方針「原子力政策大綱」や、「原子力立国計画」づくりを事務方として推し進めた。

それまで原子力とのかかわりはあまりなかった。課長に就くと、核燃料サイクルの問題で関係部署が大揺れになっていることを知る。

核燃料サイクルとは、原発で燃やした核燃料を再処理してウランやプルトニウムを取り出し、それをまた燃料として使うというものだ。使った燃料より多くのエネルギーを取り出せる、と期待された。

建設中だった青森県六ケ所村の再処理工場で、使用済み核燃料を使った試験が近づいていた。試験をすると施設は放射能で汚れてしまう。核燃料サイクルから撤退する可能性があるのなら試験をするべきではない、という声も多かった。

おりしも、経産省の若手官僚数人がつくった「19兆円の請求書」なる文書が、隠密裏に政治家やマスコミを回り始めていた。核燃料サイクル路線をとれば、最低でも19兆円かかる、と反対の声をあげたのだ。

課長に就任する前日の6月21日。国の原子力委員会の新計画策定会議の1回目が開かれていた。最大の焦点が核燃料サイクルだった。役所はふつう、こうした会議では落としどころを用意しておく。継続か凍結か中止か。柳瀬は関係者に聞いて驚く。「何の算段もなく始めてるのか」

これまで、原子力委員会の事務局は科学技術庁が務めていたが、相次ぐ不祥事で01年に文部省と統合された。内閣府に引き継がれた事務局は各省庁からの出向組でつくられ、経産省の影響力が格段に増したときでもあった。

柳瀬は以後、国の原子力をめぐる重要な決定に関わっていく。


（2013年4月20日）

19兆円の請求書

経産省の若手官僚が「19兆円の請求書」という文書を手に動き始めたのは、2004年3月のことだった。文書のサブタイトルには「止まらない核燃料サイクル」とあった。

彼らは政治家やマスコミに、使用済み燃料を再処理してプルトニウムを取り出す再処理工場の建設を「止めるべきだ」と訴えた。再処理工場は核燃料サイクルの中核施設だ。もともと原子力発電は、始まったときから「核燃料サイクルあっての原子力」とされてきた。原発で使い終えた核燃料を再処理し、再び原発で燃やす。そのサイクルがあるからこそ、原子力は「夢」だった。

再処理工場は06年稼働をめざし、青森県六ヶ所村で建設が進んでいた。こうした費用を電気代に上乗せする制度づくりも始まっていた。

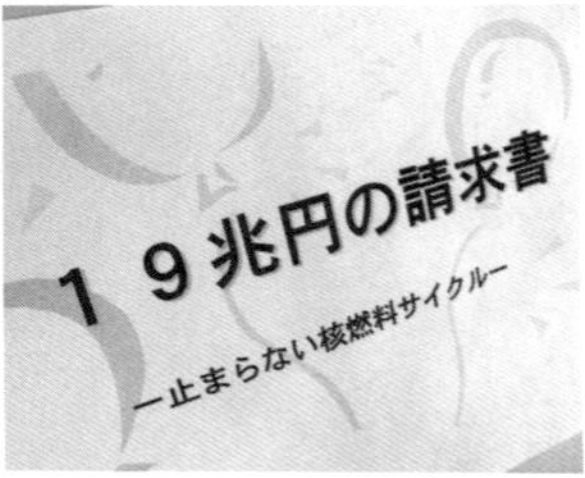

経産省の若手官僚がつくった「19兆円の請求書」の表紙

だが、核燃料サイクルには経済性がないなどの理由で、省内や識者の間で疑問の声が出ていた。多くの先進国も路線の変更をしているというのに、と。

「19兆円」文書は、そんな問題点を分かりやすく整理していた。

再処理工場の建設費は、構想が打ち出された1979年ごろは6900億円だった。それが04年には2兆2千億円に増大していた。

核燃料サイクル路線をとって工場を40年間動かすと19兆円のコストがかかる。再処理工場の建設費が予定の3倍に膨らんだという例を見れば、50兆円を超えるコストになるかもしれない。

にもかかわらず、誰もストップを言い出せないのはなぜか。

国が政策を変えれば電力会社から再処理工場の建設費の賠償を求められる。電力会社は、電気代で集める再処理費用を返せと利用者から言われる。政治家は電力関連の企業や労組から支援を受けている……。

「いったん立ち止まり、国民的議論が必要ではないか」。文書はそうしめくくっていた。

電力会社や政治家は大騒ぎになった。そのさなかに原子力政策課長に就いたのが柳瀬だった。

柳瀬は最初、「よくできている」と感じた。が、二つの問題があると考えた。作成者名がないことと、対案が書かれていないことだった。

「外に出すときは、ちゃんと経産省と書くべきだ。書けないなら出すべきではない」

「現実的に結果を出すのが行政官だ。じゃあ、使用済み燃料はどこに持っていくのか。リアリティーがない」

（2013年4月21日）

六ケ所村長の苦情

「怪文書が飛び交うとは、東京では何が起きているんですか。地元の人間の気持ちをもてあそばないでください」

２００４年6月24日、青森県六ヶ所村。柳瀬が村役場に村長の古川健治（78）を訪ねたのは、課長就任の２日後だった。そのとき、古川から「19兆円の請求書」について苦情を言われたと記憶している。

村長の古川は十和田《とわだ》市や三沢市の小学校の校長を経験している。柳瀬には、古川のとつとつとした話しぶりが印象に残った。古川は高校を受験した朝、駅まで雪道を6時間歩いた。それほど六ヶ所村は不便な場所だった。そのときに古川は初めて汽車を見た。

40代そこそこの東京出身・東大法学部卒のエリート官僚、柳瀬は古川から六ヶ所村の歴史を聞いた。

「私が省内の核燃料サイクルに反対する人から聞いていたのは、『青森はしょせんお金なんです』という話だった。違う、と思った。どんな道を選ぶにしても責任は重い」

古川はこの出会いを覚えていない。

柳瀬が東京に戻って間もなく、核燃料サイクルのコストが再処理をしないで地中に埋める直接処分より2倍近く高くなるとした旧通産省時代の試算が見つかり、大問題になった。経産省はこの存在をそれまで否定していた。この発覚にも若手官僚らがかかわっていた。

「省内が不信感でいっぱいだった」。柳瀬は正そうと考えた。不信の出発点である核燃料サイクルの是非を決着させないといけない。長期計画をつくる原子力委員会の新計画策定会議で真正面から議論することにした。「情報をぜんぶ表に出し、コストや立地の現実性などを公に議論できるよう努めました」

このころ、柳瀬は通産相を務めた与謝野馨《よさのかおる》(74)から刺激的な助言を受けた。「エネルギーは、やれる可能性があるものはやるんだよ」

選択肢は残せ、ということだ。サイクルを止めれば技術も人材も消える。与謝野は若いころ、原発専業の発電会社「日本原子力発電」に勤めたことがある。当時の経産相の中川昭一やエネ庁長官の小平信因《のぶより》(64)も継続支持だった。もともと原子力委は推進派の委員がほとんどだったこともあり、継続路線へ議論を加速させた。

「19兆円の請求書」にかかわった若手官僚は異動になったり、省をやめていったりした。省内では粛清と見る人が多かった。

(2013年4月22日)

会見での古川健治・六ヶ所村長

戦車のような進め方

柳瀬が2004年6月に事務方の中心にすわって

から、原子力委員会は核燃料サイクル継続に向かって動き始めた。その夏、「19兆円の請求書」に反論するかのような考え方が、原子力委の新計画策定会議に降ってわいたように出てきた。「現行の政策を変更したら新たなコストがかかる」という議論だ。

一、使用済み燃料の再処理をやめ、地中に埋める直接処分の路線に切り替えると、再処理工場にかけた2兆円以上の金がむだになる。

一、各地の原発は、使用済み燃料を青森県六ヶ所村に運び込めなくなり、運転停止に追い込まれる。

一、そうなると火力発電所の新たな建設などに、12兆～23兆円の追加費用が必要になる――。

「風が吹いたらおけ屋がもうかる」みたいな理屈だが、そんな足し算で、直接処分のほうが再処理より高くつくとした。

この考えはどこから出てきたのだろうか。柳瀬は、自分が発案したものではないと言った。

「どこからか出てきたんですよ。僕は素人だから、そうか、そんな考え方もあるんだと思ったんです」

再処理路線がベストという方針は、04年11月12日の策定会議で大多数の賛成で決められる。理由は立地地域との信頼関係や選択肢の確保に加え、経済性の面でも「政策変更に伴う費用」が考慮された。

12月22日の策定会議に、福島県知事の佐藤栄佐久《えいさく》（73）が乗り込んできた。佐藤は国の原子力政策に異議を唱え続けていた。会議開催を知って上京した。急遽《きゅうきょ》、「福島県知事のご意見を聞く会」となった。

席上、佐藤は「核燃料サイクル政策は国家百年、千年の大計にかかわる」などと語って、再処理継続を性急に決めていると批判した。

「ブルドーザーの進め方というのが原子力政策のイメージでございましたが、このごろ、戦車に変わっていく、そういう感じでした」。これまでも国は「そこのけ、そこのけ」と強引だった。それがさらにたけだけしくなっている——。

佐藤栄佐久・元福島県知事

佐藤はその後、県発注のダム工事をめぐる収賄《しゅうわい》罪に問われ、12年10月、有罪が確定した。佐藤は国の原発政策に反対したことで自らが標的にされたと考えている。

ただ、佐藤は柳瀬のことを知らないと言った。

「彼ら、顔が見えないんです」（２０１３年４月23日）

3　霞が関に舞い戻ったエリート

「あなたにシナリオを書いてほしい」

福島での原発事故から2カ月後の2011年5月、国家戦略担当相の玄葉《げんば》光一郎《こういちろう》（48）が、都内の日本料理店で1人の民間人と会っていた。

元経済産業官僚の伊原智人（45）。玄葉はこう勧誘した。

「あなたにシナリオを書いてほしい」

これからのエネルギー政策を考えてほしい、という意味だった。

事故後、首相の菅直人はエネルギー基本計画の白紙見直しを唱えはじめた。玄葉も同感だったが、経産省が担当すべきではないと考えた。

そうして関係閣僚による「エネルギー・環境会議」（エネ環会議）を新たにつくることになった。事務局は国家戦略室がになう。戦略室の増強が必要だった。玄葉は伊原に目をつけた。

かねてエネルギー問題に関心のあった玄葉は、経産官僚時代の伊原と知り合い、親しくなっていた。伊原は90年に東大法学部から通産省に入省したエリート官僚だった。中小企業やITなどを担当、「将来は事務次官」と期待された。

04年、電力市場整備課の課長補佐のとき「19兆円の請求書」文書にかかわったとされる。翌05年、経産省をやめて民間企業に転じていた。

玄葉の地盤は白河《しらかわ》市、須賀川《すかがわ》市など福島県南部だ。東京電力の福島第一、第二原発から遠くない。国の原子力政策に異議を唱え続けた前福島県知事、佐藤栄佐久の女婿《むすめむこ》でもある。

佐藤は06年に汚職事件の追及をうけ、辞職する。立ち寄る人が減った佐藤を、むしろ玄葉は頻繁に訪ねるようになった。

「私は減原発、前知事は脱原発で考えが違いますが、いま、すごく仲がいいんです」

11年6月22日。官邸で「エネ環会議」の初会合が開かれた。経産相の海江田万里らが原発の再稼働を促した。海江田はこう主張した。「再起動できないと電力需給が逼迫《ひっぱく》します」「産業の空洞化を招くおそれがあります」

議長の玄葉は方向性を示した。「原発への依存を徐々に減らしていくことを考えていかねばならないのではないかと思います」。核燃料サイクルも「重厚に検討したい」と議論に意欲を見せた。

7月1日、公募に受かって民間企業を辞した伊原は内閣府2階にある国家戦略室に着任する。肩書は課長級の企画調整官。それから18カ月あまり、再び霞が関を走り回ることとなった。

（2013年4月25日）

原発の本当のコストは

国家戦略室に入った伊原は2011年8月5日、京都・立命館大学に国際関係学部教授の大島堅一（46）を訪ねた。

大島は電力会社のコスト分析で知られる。その大島には接触しておかねば、と考えた。原発事故後の新しいエネルギー政策をつくる上で、電源別のコストの詳細が必要だった。

2011年8月の国家戦略室の座席表

伊原の自己紹介がおもしろかったのを、大島は覚えている。

「僕はAKBのKなんですが、ちょっと変なKなんです」

国家戦略室は、官僚と民間人の混成部隊で50人近くいる。仲間うちで、官僚はAチーム、民間はBチームと呼ばれた。官の中でも特に経産省出身はKチーム。それをアイドルグループになぞらえ、おどけてみせたのだ。

原発は安い電源——。原発が進められてきた大きな理由だ。本当にそうなのか、コストを検証する委員会が置かれることになった。それが伊原の担当となる。

国民から信頼される試算にしなければならない。委員候補には、大島のような脱原発派から、原発推進派まで、幅広く識者を入れた。

国家戦略相は玄葉光一郎から古川元久（47）に代わっていた。伊原は古川から、委員会の議論やコストの計算法などあらゆるデータを公開する許可を得た。

11年10月7日、委員会の初会合が開かれる。伊原は説明した。「政策経費についても検討すべきではないでしょうか」「事故が起きた場合の費用も議論いただきたい」

政策経費というのは、原発をめぐる交付金や研究開発費のたぐいだ。そうした費目はこれまで原発のコストとは切り離されてきた。隠されてきたその費用を、原発コストに含めるべきだと考えた。

さらに福島の人々の経済的損害を考慮しなければいけない。追加の安全対策費用も必要だ。それを足していけば「原発の本当のコスト」が見えてくる――。

伊原は国の原子力委員会に試算への助力を求めた。損害額の基には、福島の廃炉費用や損害賠償費用の推計をすえた。

コスト検証の委員会は、週1回に近い割合で開催した。政府の委員会としては異例の頻度だった。

（2013年4月26日）

「安い電源」神話崩壊

原子力に３５７８億円も——。委員から驚きの声が上がった。

２０１１年11月25日、電源別コストを検証する委員会が５回目の会合を開いた。事務局の伊原智人が、国が電力関係で支出する11年度の予算一覧を配った。そこに出てきた原発関係の政策経費が３５７８億円だった。

石炭火力には１７３億円。

液化天然ガス（ＬＮＧ）火力には４８３億円。

石油備蓄を別にすれば、原発に対する国の支援はほかのエネルギーを格段に上回っていた。

12月13日、７回目の委員会。報告書案が出される。そこに電源別の発電コストが明記された。

04年の経産省の試算では、原発はキロワット時で５・９円となっている。それが３円増え、最低でも８・９円となった。５割以上も増えた。

大きく上乗せされたのは三つ。

（１）交付金をはじめ国などが出す政策経費が１・１円。

（2）追加的な安全対策の費用が0・2円。
（3）原発事故に対応するための費用が最低でも0・5円。
（3）は、東電の原発事故の損害額を参考に、6兆円弱の資金を原子力事業者が40年間で積み立てることにしたものだ。
「最低でも」というのは、損害額が1兆円増えるごとに0・1円上昇すると考えたためだ。損害額が10兆円になると9・3円、20兆円になると10・2円になると試算された。

他の電源コストも記されている。

石炭火力は10・8円（最終案で10・3円に修正）。

LNG火力は10・9円。

市民の集いで話す伊原智人氏

原発は、ほかの電源より格段に安い、というこれまでの説明をくつがえすものだ。安全神話と並ぶ、原発の「安い電源」という神話も崩れた。
伊原は12年2月、日経ビジネスオンラインに寄稿して、正式決定した報告書を解説している。
「これまでの政府や国際機関が行ってきた原発の

発電コストの試算において、こうした『社会的なコスト』を勘案した例は、世界的に見ても見当たらない」

3月にはこうも書いた。

「エネルギー・環境会議において今後の日本のエネルギー・環境戦略の選択肢を作り、国民的な議論を行う。この夏には、その選択肢の中から戦略を決定する。歩みを止めることは許されない」

（2013年4月27日）

骨抜きにされた原発ゼロ

国家戦略室の伊原智人は2012年8月22日、東京・赤坂のANAインターコンチネンタルホテルの中華レストランにいた。国家戦略担当相の古川元久に呼ばれた。他には内閣審議官の下村健一、富士通総研主任研究員の高橋洋（43）ら5人の男がいた。

古川と経産相の枝野幸男（48）らが選んだ顔ぶれだ。原発や核燃料サイクルに批判的な人々だった。古川と枝野は、政府の「革新的エネルギー・環境戦略」に脱原発を明示しようと考えていた。古川は6人にA4判の1枚の紙を示した。「原発ゼロ」「40年廃炉の徹底」「核燃料サイクルの中止」――。脱原発の大目標が並んでいる。

「これをもとに、理想的なエネルギー戦略を書いてみてください」

6人は1日おきにANAホテルに集まって原案をつくっていった。古川らの要望も聞いて直しては、伊原がメーリングリストで5人に送り、さらに詰める。13年に入って政府に情報公開請求したところ、各省との協議に移ってのちの戦略案だけで14も出てきた。民主党や各省から様々な要求があり、書き直されたのだった。発表前日の12年9月13日には「2030年代にゼロ」と期限をつけたもの、つけないものの計4種が出されていることが分かる。

発表当日の14日には、午前2時と午前8時などの案がある。ぎりぎりまで書き直していたのだ。書いては消し、消しては書き。それをしたのが伊原だった。

最終的に「核燃料サイクルの中止」はつぶれた。最終案では「引き続き再処理事業に取り組みながら、政府として責任を持って議論する」と中途半端になった。伊原には悔しいことだった。

それでも「2030年代に原発稼働ゼロを可能とするよう、政策資源を投入する」との一文は残った。

だが、それすらつぶそうとする動きが続いた。

19日、閣議決定が出た。伊原たちが不眠不休で取り組んだ「戦略」全文の決定は見送られた。かわりに「戦略を踏まえ、不断の検証と見直しを行いながら遂行する」という趣旨の文章が決定された。

閣議決定ではよくある手法だ、と古川は言う。しかしメディアは「閣議決定せず」と書いた。古川は「意図的にそういう情報を流している人たちが、霞が関にいたのです」と言った。

（2013年4月28日）

87％が「ゼロ」望んだ

2012年夏。政府は、2030年の原発依存度について「0％」「15％」「20～25％」の三つの選択肢を設け、国民の意見を聞いた。

各地での意見聴取会や新手法の世論調査、ファクスやホームページへの入力で意見を伝える「パブリックコメント」（パブコメ）だ。

パブコメは8万9124件を数えた。これまでのパブコメではふつう数百件。08年の学習指導要領問題が目立って多いが、それでも5679件だ。前例のない数だった。

回答のうち、「0％」を選んだ人は87％に及んだ。

脱原発を求める人ほど意見を寄せるだろうことは、事前に予想されていた。しかしこんな高率になるとは、国家戦略室でエネルギー問題に取り組む伊原智人にも意外だった。

政府のパブコメといえば、国民の声を聞きました、というアリバイづくりのようなものが多い。しかし今回は雰囲気が違った。たとえば「10代以下、女性」はこう書いた。

「事故によってたくさんの方々の暮らしが翻弄《ほんろう》されている現状を見て、原発をなお動かし続ける人たちの気が知れません。生きていく希望をとだえさせないでください」

12年暮れ、総選挙があった。自民党が圧勝し、安倍晋三政権が成立した。国家戦略室は廃止となり、伊原は13年1月14日に退官した。

退官後の2月20日。脱原発を求める市民の集いが、衆議院第二議員会館であった。伊原が登壇した。

「従来のパブコメは、どんな意見があり、どう政策に反映されたのか分からないとの指摘がありました」

「そのため、今回は個人情報以外は公表させていただきました。政府がなぜこう分類したのか、あとで議論できるようになっています」

「国民の過半がゼロを望んでいる以上はゼロへの道筋を示す。そういう意味が『革新的エネルギー・環境戦略』にありました」

伊原の新しい勤め先は、11年9月設立のベンチャー企業「グリーンアースインスティテュート」だ。東京・本郷の東大キャンパス内にある。従業員約10人。植物の茎や葉を原料に、バイオ燃料やグリーン化学品をつくろうという会社だ。

民主党政権は12年7月に「日本再生戦略」を発表している。目玉の「グリーン成長戦略」づくりには伊原もかかわった。そこには環境関連ビジネスの成長を社会の大変革につなげよう、とある。自らその道に踏み出すことになる。

（2013年4月29日）

4 村長と呼ばれた元次官

天下り批判「心外だ」

2010年7月に経済産業事務次官を退官した望月晴文（63）は、2年後の12年6月、日立製作所の社外取締役に就任した。日立は世界有数の原子炉メーカーでもある。

望月は「原子力村の村長」と言われてきた。

01年、原子力安全・保安院ができたときは次長を務めた。資源エネルギー庁長官時代の07年には、「エネルギー基本計画」の改定で、原子力発電の推進を鮮明に打ち出した。08年からの事務次官や10年8月からの内閣官房参与のときにも、原発の輸出に力を入れた。

その本人から直接、原子力政策を聞きたかった。インタビューを申し込み、質問状を出した。質問には天下りに関するものも入れた。

この３月、日本生命保険の東京・丸の内の本部で会った。望月は同社の特別顧問も務めている。

席に着くなり、記者が12年に朝日新聞で書いた記事を「心外だ」と批判した。望月の天下りを批判するものだった。天下りに関する質問項目を外さないとインタビューには応じない、と主張する。

望月晴文・元経産事務次官

「日立は巨大コングロマリットで、売上高に占める原子力の割合は最大でも２％程度なんだよ」

社外取締役への就任は原発とは関係ない、という趣旨だ。

しかし、それはどうだろうか。望月は13年２月、都内で日本経済について講演している。その中で、50基ある日本の原発のほとんどが停止している状況を嘆いた。

「日本はかなり古いやつもありますけど、20基や30基はピカピカですからね。それを使わない」

その上で、原発輸出に日本のチャンスがあると説く。

「いま全世界で原発が400基ぐらいあるんですけど、あと400基ぐらい建てる計画が進んでいる。かなりの発注が日本の重電メーカーにきている」

「なぜかというと、日本がいま世界で一番安全な原子力をつくれているからです」

技術水準が高く、福島の経験から学んでいるためだ、という。

「福島を乗り越え、安全な原子力発電を利用することができるかどうか。日本の帰趨《きすう》にかかわっている」

そんな発言を公にしているのに、質問から天下りの項目を外すわけにはいかなかった。

インタビューは成り立たず、記者は席を立った。

（2013年4月30日）

違反50件に「徳政令」

2007年、電力12社のトラブル隠しやデータ改竄が相次いで発覚し、大問題となった。経済産業省は4月20日、うち50事案を「悪質な法令違反」と認定した。にもかかわらず電力各社の経営者の責任をきびしく問わなかった。

経産省内で皮肉まじりに「平成の徳政令」と呼ばれた事件だ。

当時は第1次安倍晋三内閣で、経済産業相は甘利明（63）。資源エネルギー庁長官は望月晴文だった。経産省幹部OBは「あれでモラルは完璧に崩壊した」と振り返る。

じつはその5年前、対照的なできごとがあった。02年に発覚した東京電力のトラブル隠しだ。

当時は小泉純一郎内閣。経産相の平沼赳夫《たけお》（73）は「言語道断。自浄作用を発揮することを強く求める」と経営陣の退任を迫った。東電は相談役の平岩外四を含む歴代トップ4人の退任に追い込まれた。

このときは原子力安全・保安院の失態も問題になっている。調査に時間がかかりすぎた。告発者の氏名を東電側に漏らしてしまった。この件で、保安院次長だった望月をふくめ、経産省幹部は処分を受けている。

「徳政令」事件から10日後の07年4月30日。経産相の甘利とエネ庁長官の望月は、中央アジア・カザフスタンの首都アスタナにいた。カザフスタンはオーストラリアに次ぐウラン埋蔵国だ。

ウラン資源確保のための官民約150人の大使節団だった。「徳政令」を受けたばかりの東京電力社長の勝俣恒久（73）や、東芝や丸紅などの首脳もいた。

日本企業とカザフ国営原子力企業などとの調印式が盛大に行われた。

双方の社長らが書類に署名するのを、後ろで甘利と望月が見守り、拍手する。経産省と

日本企業とカザフスタン国営原子力企業などとの調印式

電力・産業界の蜜月ぶりを映し出していた。

望月は08年5月、甘利が会長を務めるエネルギー政策の議員勉強会で、こう語った。

「(日本のウラン輸入で)現在1%のカザフスタンから10年後には30~40%のウラン資源を確保することになった。セキュリティー上、大変よかった」

望月は同年7月、甘利の下で事務次官に昇格した。エネ庁長官から直接の昇格は異例だった。

その後、カザフ国営企業のトップの横領事件などがあって、同国からのウラン輸入はかならずしもうまく進んでいない。(2013年5月1日)

「日の丸」の旗振り役

「原子力ルネッサンス懇談会」

2011年2月、そんな名前の組織が誕生した。原発関連企業や電力会社のトップでつくる提言機関だ。１カ月後、原発事故が起きた。名前は「エネルギー・原子力政策懇談会」に変わった。

ルネッサンス（再生）はまずいと考えたようだ。メンバー名もサイトから消えた。元経産事務次官の望月晴文は、この会の座長代理を務めている。会長は原子核物理学者で元東大総長の有馬《ありま》朗人《あきと》（82）、座長は日本原子力産業協会会長で元経団連会長の今井敬（83）。名が消えたメンバーには日立製作所、三菱重工業、東芝の原子炉メーカーや、商社、報道機関などの経営者がいた。

２月の初会合で、望月はこうあいさつしている。「これから十数年で４００基ものプロジェクトが世界にあります。フォローの風は大きく、日本の産業界は中心的な役割を果たすべきです」

86年のチェルノブイリ事故のあと世界の原発建設は停滞した。だが近年、新興国の経済成長で電力需要は増大している。さあ、日の丸原発を輸出しよう――。

望月は原発輸出で重要な役回りを演じてきた。菅直人が首相に就いて10日後の10年６月18日、「新成長戦略」が閣議決定された。望月が事務次官だった経産省は、原発などのインフラ輸出をそこに盛り込ませた。

望月は７月30日に経産省を退職すると、８月10日に内閣官房参与に就く。原発輸出の旗

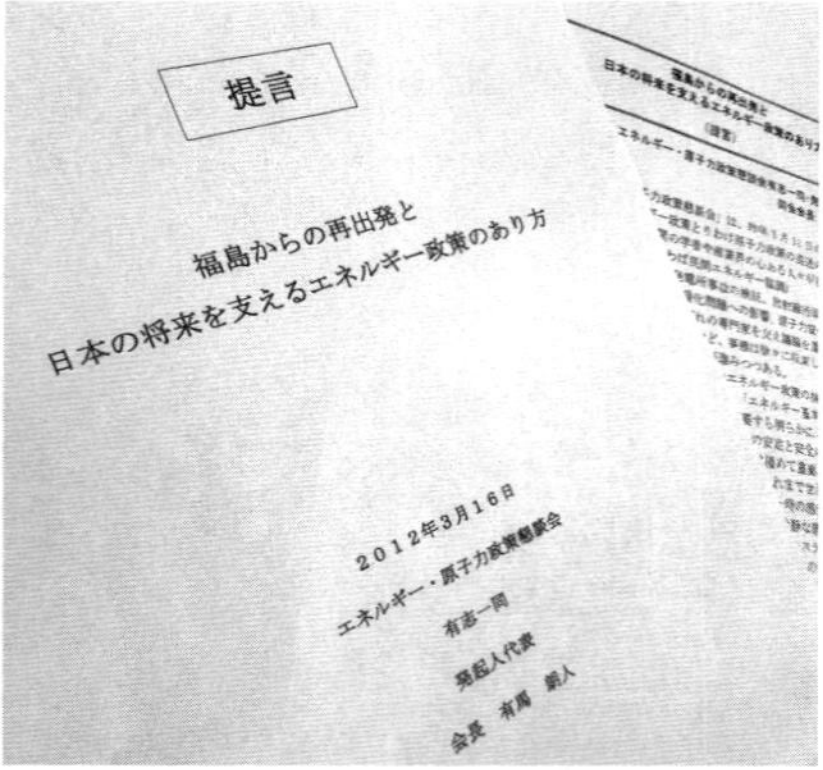

「エネルギー・原子力政策懇談会」の提言書。会長に有馬朗人の名前が見える

を振るためだ。「政権中枢に送り込んだ経産省の毒まんじゅう」とささやかれた。

官房長官だった仙谷由人《せんごくよしと》（67）らと歩調をあわせ、10月には菅のベトナムへのトップセールスで原発受注にこぎつけた。「懇談会」を足場にさらなる原発輸出を、という矢先に起きたのが原発事故だった。

それでも、「懇談会」の基本的な考えは変わらない。事故後、有志の名で2度、首相に提言している。

1回目は12年3月16日で、野田佳彦にあてた。「原発の再稼働が実現しなければ、電力需給は厳しい。早期に再稼働させるべきだ」

2回目は13年2月25日で、安倍晋三あて。このときはこんな表現で原発輸出を求めた。

「事故後も我が国の原子力関連技術に対する世界各国からの期待が大きい」

原発1基の建設費は3千億とも5千億円ともいわれる。点検や修理を含め、利益は巨額だ。

（2013年5月2日）

原発役人の責任はどこに

経済産業省が首相の菅直人に上げたペーパーがある。Ａ4判2枚。日付は原発事故から5カ月近くたった2011年8月2日。

原発輸出のための首相親書の草案とされるものだ。宛先はベトナム首相。ペーパーの右上には「厳に関係者限り」と付されている。草案には、原発輸出を続けようという意図が明確に書かれていた。

「事故の教訓を生かしつつ、原子力安全を世界最高の水準に高める」

「世界が日本の（原子力の）技術、知見に期待している」――

菅が脱原発依存を明確にしたことを知りつつ、この草案を上げてきたのか。挑むような経産官僚の文言に、菅の側近たちはあきれた。

2日後の8月4日、経産事務次官の松永和夫（61）、資源エネルギー庁長官の細野哲弘（60）、原子力安全・保安院長の寺坂信昭（60）の3首脳の退任が発表された。

マスコミは菅による更迭だと報じた。しかし経産相の海江田万里は「人事の刷新、人心一新」だと会見で言った。更迭ではなかった。

この人事にからみ、日本経済新聞は8月5日朝刊で、菅が内閣官房参与の望月晴文も辞任させると報じた。記事は首相側のコメントとして「経産省内の守旧派が一掃され、改革が進む」と伝えた。

だが、退陣目前の菅にこの人事を実行する力はもはやなかった。望月は9月まで参与を務めた。そして前年に就任した日本生命保険の特別顧問に加え、12年6月には日立製作所の社外取締役にもなった。

望月は経産官僚トップの元事務次官だ。先輩が再就職するなら、という判断だろうか。松永は12年3月に損保ジャパン顧問になり、13年6月には住友商事の社外取締役にも就く。細野も12年5月にみずほコーポレート銀行の顧問になった。

望月は13年2月の講演で、福島での原発事故に関してこう語った。

「私は『原発役人』と言われてましたので、まあ、それなりの責任をきちっと取らないかんと思っております」

どう責任を取るのだろう。原発事故では、いまだに15万人以上が自宅に帰れないでいる。

（2013年5月3日）

第5章　残る原発のごみ

「トイレなきマンション」に例えられる原発。使用済み核燃料をどうするのか、という原発の大問題が未解決のままだ。

原発を維持する、止める、どちらでも、日本は、過去およそ半世紀にわたり原子力を利用してしまった結果、原発のごみ問題から逃げるわけにはいかなくなった。

「原子力村」はさぞ、困っている。ということで、原発のごみ問題を朝刊連載「プロメテウスの罠」で書くことにした。タイトルはそのものずばり「原発のごみ」である。

原発事故のあとの2011年5月。毎日新聞が、「日米が共同で、モンゴルに使用済み核燃料などの貯蔵・処分場をつくる計画を立てている」とスクープする。その後追いをしようと、私はモンゴルにも出張した。

日本に埋める場所がない、だから、モンゴルに。そんな理屈が通るのだろうか。地方に原発を押しつけたように、カネで解決するというのだろうか。

取材を始めてみて、「原子力村」の悪あがきとも言えるような動きも見えてきた。掲載は2014年2月11日から、計21回。以下はその連載をまとめたものだ。

1　モンゴルの大地に

モンゴルの仮面青年

モンゴルに「レンスキー」というちょっとした有名人がいる。インターネット上のハンドルネームだ。

地質学の専門家で、放射線の技術者でもある30歳の男性だ。

「放射能は恐ろしい。その危険性を人々に知らせたいのです」

インターネットで、モンゴルの原子力関連の情報を発信してきた。それは広く読まれ、反原発運動の中で評価を得ている。

きっかけは2011年5月だった。日本で一つのニュースが流れた。

反核デモに参加したレンスキー

「日米が共同で、モンゴルに使用済み核燃料などの貯蔵・処分場をつくる計画を立てている」――

スクープしたのは毎日新聞だった。東京電力福島第一原発の事故から2カ月。それは外電で世界に流れた。モンゴルでは「わが国が原発のごみ捨て場になる」と報じられた。

モンゴルにはウラン鉱山がいくつかある。旧ソ連時代に開発されたが、ソ連崩壊後にさびれた。坑道は地下深く何キロも続き、使用済み核燃料の保管にも使えそうだった。

レンスキーはこの報道に怒り、反対に立ち上がった。

08年まで3年間、首都ウランバートルから約600キロ、マルダイのウラン鉱山で放射線管理の仕事をしていた。ウランバートルに移って後は、地質コンサルタントになった。仕事に影響があるので本名は使えない。レンスキーを名乗ることにした。ロシアの文豪プーシキンの作品「エフゲニー・オネーギン」に出てくる田舎を愛する詩人の名だ。

反核デモに参加するときは、仮面を着ける。「ガイ・フォークス」。17世紀、英国王に反発して処刑された人物だ。

連日の報道やデモの中で、関係国が計画を否定するコメントを出した。現在、処分場の計画は表向きストップしている。

12年8月、日本から大阪大学准教授の今岡良子《りょうこ》（51）が訪ねてきた。今岡はモンゴル文

廃墟になった作業員宿舎

化の研究をしており、今回はマルダイのウラン鉱山跡を調査するためだった。レンスキーが案内役を頼まれた。

四輪駆動車で首都を出発する。草原の中を十数時間。舗装はすぐなくなった。草原の中を十数時間。地平線にコンクリートの建物群が見えてきた。

（2014年2月11日）

ウラン残土のボタ山

それはまるで遺跡のようだった。

かつては鉱山作業員とその家族約1万人が住んでいたという。しかしその面影はない。作業員用のアパート群は壊れていた。ほとんど崩れてしまったものもある。管理施設は基礎しか残っていなかった。

2人はウラン残土のボタ山を歩いてみた。

レンスキーが線量計を近づける。毎時5・8マイクロシーベルト。福島第一原発の事故直後、政府が屋外活動制限の基準値とした毎時3・8マイクロシーベルトを超えている。あわてて離れ、車に逃げ込んだ。

地元の自然保護活動家に事前に聞いていた。

「坑道は約400メートルの深さにあります。約11キロにわたって続いています」

今岡は日米の関係者がここを処分場として使えると期待したことになるほど、と思った。近くにバラックのようなモンゴル人の家が数軒。彼らは鉱山跡の廃材を集め、近くの村で売りさばいて生計を立てている。

レンスキーは憤る。「廃材には、強い放射線を出すものもあります。それが近くの幼稚園などで使われているのです」

その夜、一行は遊牧民のゲルに泊めてもらった。ゲルは遊牧民独特の移動式テント住宅だ。太陽光パネルを持ち、電灯やテレビもある。そのゲルの主人は、羊を1匹つぶしてふるまってくれた。彼は言った。

「ヒロシマのことは学校で学びました。でも処分場計画のことは聞いたことがありません」

今岡はモンゴルの草原にあこがれてモンゴル語を学んだ。そのモンゴルに日本が迷惑を

モンゴル東部のウラン鉱山跡

かけることになるかもしれない――。

レンスキーも今岡も、モンゴルに処分場をつくる計画は、まだ終わったわけではないと感じている。ねらいは「コンプリヘンシブ・フューエル・サービス」のシステムづくりなのではないか。

「包括的燃料サービス」と訳される。原発の導入国に、ウラン燃料の調達から使用済み核燃料の引き取りまでセットで提供するものだ。

例えば、日本がA国に原発を輸出する。そのA国にモンゴルがウラン燃料を輸出する。使用済み核燃料は再びモンゴルに戻す――。それを継続的なシステムにしようとしているのではないか。（2014年2月12日）

ウラン供給も後始末も

「包括的燃料サービス」のシステムの研究は日本でも進められていた。

東日本大震災が起きた2011年3月11日のまさにその日、核燃料サイクルについての多国間協力をテーマに、京都市の国立国際会館で国際会議が開かれていた。副題は「ゆりかごから墓場まで」。

核燃料の最初から最後まで。どう生産し、どう処分するか。多国間で何ができるのか考えようというのがねらいの会議だった。

東京大学大学院の原子力研究者でつくる国際保障学研究室が主催した。率いるのは同大学院教授で原子力学界の重鎮、田中知《さとる》（63）だ。

会議には、モンゴルからの研究者も参加していた。07年にウランバートルに設立された研究機関「モンアメ科学研究センター」に所属する研究者だ。センターは原子力などエネルギーの研究が中心で、米国と強いつながりがあった。

国際会議の記録には、使用済み核燃料の引き受け条件についての出席者の発言が残っている。

「モンゴルが引き取るとすれば、モンゴル起源のウランでなければならない」

まさに「包括的燃料サービス」を意味する発言だった。

使用済み核燃料をどうするか。原子力発電を進める多くの国が、その処理に困っている。それだけに「後始末引き受けＯＫ」は大きなセールスポイントになる。

例えばロシア。燃料供給や使用済み核燃料の引き取りをパッケージにすることで、原発を海外に売り込んでいるとされる。ロシアには広大な国土がある。しかし日本にそんな場所はない。

モンゴルがウラン輸出と引き換えに、使用済み核燃料を引き取る役目を引き受けたら日本の原子炉メーカーは原発を輸出しやすくなる――。日本の動きはそれがねらいなのではないかとレンスキーらは疑う。

京都の国際会議の終了直後、東日本大震災が起きた。東北から離れており揺れは小さかったが、各国からの参加者は、帰国便の確保などに追われた。会議に参加した田中に会った。モンゴルの使用済み核燃料の引き取りについて尋ねるとこう答えた。

「国と国の信頼関係がないといけない。われわれがやっているのはアカデミックな研究で、すぐにできるとは思っていない」

（2014年2月13日）

2　六ケ所村の拒否権

村で生き残る唯一の選択肢

モンゴルに「原発のごみ」を持ち込む計画が問題になる前、日本でその行方に懸念を抱いた者がいた。映画監督の鎌仲《かまなか》ひとみ（55）だ。

鎌仲は2002年、湾岸戦争での劣化ウラン弾によるイラクの人々の被害を撮った。劣化ウラン弾は、原発の燃料用に濃縮ウランをつくるときに出る「ごみ」が原料だった。それがきっかけで日本の「原発のごみ」に目を向けた。日本には青森県の六ケ所村に、使用済み核燃料からウランとプルトニウムを取りだす再処理工場など核燃料サイクル施設がある。日本原燃が運営する。

04年、はじめて六ヶ所村を訪ねた。2年間にわたって230時間撮影し、約2時間の映画にした。ドキュメンタリー映画「六ケ所村ラプソディー」。06年に公開され、全国で上映会が催されてきた。

映画は、雄大な自然の光景と津軽三味線の曲で始まる。

撮影の最初のころ、鎌仲はとまどった。「嫌なもの」であるはずの原発のごみが「村を豊かにするお宝」とされ、それを「そうだ」と言わないと生きていけない社会があった。

映画の中で、村一番の建設会社会長で村議の岡山勝広（65）が言う。

「ここは再処理、貯蔵。（原発を運転するわけではないので）核が暴走することがないわけです。実際、そんな危険なものでもないし」

「村はあらゆる可能性がある。ビジネスチャンスもいっぱいある」

使用済み核燃料の受け入れ作業をする元漁師や、村でもっとも大きいクリーニング店の社長らは、核燃サイクル施設と生きることを「子供たちのため」と言った。

映画監督の鎌仲ひとみ氏

鎌仲はそれを「サバイバル」と見た。「当時、村で生き残るには、選択肢はそれしかなかったのです」
村内の道路は舗装され、日本原燃などのきれいな社宅がならぶ。コンサート会場では人気歌手の歌を格安で聴ける。家を建てると村から多額の助成金が出る。村の財政が核燃サイクルの立地に伴う国からの交付金や原燃からの税収で豊かだからできる。

再処理工場の完成は、装置の不具合などで遅れている。燃料プールには、日本中の原発から運びこまれた3千トン弱の使用済み核燃料が保管されている。再処理の過程で高レベル放射性廃棄物が生じるが、その最終処分場は見つかっていない。

（2014年2月15日）

「核燃撤退」を覆した村

映画「六ヶ所村ラプソディー」には、花農家の菊川慶子《きくかわけいこ》（65）が登場する。菊川は2003年4月の青森県六ヶ所村議選に反核燃を掲げて出馬する。得票は41票で、当選ラインの248票に遠く及ばなかった。

かつて、村議会をはじめ村は、核燃サイクルについてまっぷたつだった。いまは核燃サイクル推進の一色だ。鎌仲は「国が何もかも奪った結果だ」と言う。

その村議会が12年、民主党の核燃サイクルを見直すとの方針をひっくりかえした。

はじまりは9月6日夜だった。村議会議長の橋本猛一《たけいち》（61）の携帯が鳴った。日本原燃社長の川井吉彦《よしひこ》（70）からだった。

民主党のエネルギー環境調査会はその夕、「2030年代に原発稼働をゼロにする」「核燃料サイクルを見直す」との提言をまとめた。

川井は橋本に、その方針が近く閣議決定されそうだと訴えた。

翌朝、橋本が議長室に入ると、打ち合わせを約束していた村議2人のほか、川井がいた。川井は1枚の紙を示した。核燃サイクル見直しなら、全国からの使用済み核燃料の受け入れなどは村として困難になる、といったことが書かれている。原燃の「やらせ」に見られることを心配した橋本は「うちのほうでやれるから」と言い、紙を受け取らずに川井を帰らせた。

午後、村議会は核燃撤退の場合の国への8項目の意見書を可決した。「英仏から返還される新たな廃棄物の搬入は認めない」「一時貯蔵されている使用済み燃料を村外へ搬出する」——。

民主党は腰砕けになった。野田内閣が9月19日に決めた「革新的エネルギー・環境戦略」に、核燃サイクルの「見直し」の文字はなかった。戦略にかかわった官僚は言う。「英仏から搬入ができないとなると国際問題になる。村議会の意見書は大きな効果があった」

村議は現在、18人だ。うち5人の親族が経営する建設会社が、日本原燃から多額の工事を受注していたと朝日新聞が13年12月に報じた。

それら建設会社が青森県に出した工事経歴書の発注者の欄には、日本原燃だけでなく、鹿島建設や前田建設工業、大成建設などの大手ゼネコンが並ぶ。村の建設会社より上位で核燃サイクル施設の工事を受注している。

（2014年2月16日）

「結局はおカネでしょ」

鎌仲は、映画「六ヶ所村ラプソディー」で、東大大学院教授だった班目春樹《まだらめはるき》（65）に自らインタビューした。班目は、のちの東電の原発事故時の原子力安全委員長である。

鎌仲が「日本には核廃棄物を受け入れる場所がありませんよね」と問いかけると、班目は、何を言っているのかという口調で答えた。「最終処分地の話は、最後は結局おカネでしょ？」

映画の中で、班目は続けている。

「受け入れてくれないとなったら、お宅にはその2倍払いましょう。それでも手を挙げてくれないんだったら5倍払いましょう。10倍払いましょう。どっかで国民が納得する答えが出てきますよ」

鎌仲は、最終処分地の可能性を探るボーリング調査で国から20億円の交付金が出ることについて尋ねた。

班目は答える。「（20億円なんて）たかが知れてるらしいですよ、あの世界は」

「原子力発電所1日止めると（損失は）1億円どころじゃないわけですよね」

鎌仲は、原発のごみを押しつけられる側への配慮がまったくないことにあきれた。ただ「逃げまわる識者に比べ、原子力村のホンネを語ってくれていてありがたい」

六ヶ所村議会は、核燃料サイクルから撤退するなら「使用済み核燃料や高レベル放射性廃棄物を村外に出す」との意見書を採択した。

しかし最近では「最終処分地」を受け入れてもいいという声が村議会で出始めている。村議で岡山建設会長の岡山勝広は取材に対して、こう言った。

「最終処分前の貯蔵ということで200年、置いておけばいいんだ。それで200年後の技術で処分すればいい。宇宙へのエレベーターができたら、それで宇宙に持っていってしまえばいい」

核燃サイクル施設を運営する日本原燃の企業城下町と言っていい六ヶ所村にとって、核燃サイクル抜きでは村の将来図が描けない。

鎌仲は、岡山のこの発言を、科学に対する幻想だ、と言った。

「でも、それを私たちは批判できない。いまの村をつくり出したのは、電気を使う私たちなんです」

六ヶ所村だけではない。原発のごみの送り先をめぐり、国や電力会社が狙いを定めるのは、つねに過疎地である。

（2014年2月17日）

3 「全量再処理」にはねかえされた研究者

本丸に挑んだ異端者

原発事故1年前の2010年1月、国の原子力委員会の委員に、「全量再処理」という核燃料サイクル政策に異論を唱えてきた、異端の学者が任命された。電力中央研究所の研究参事だった鈴木達治郎《たつじろう》(62)。

大阪府豊中市の出身。ツイッターで原子力のことをつぶやくときは標準語なのに、阪神タイガースの話題は関西弁になる。「死ぬまでトラキチでっせ!」

東大で原子力工学を学んだ。が、原子力と核兵器の関係の勉強が日本ではできないと米国に留学。日本の再処理政策に核の拡散の見地から懸念が強いことを知る。科学者が「核兵器開発に手を染めない」と誓う運動も始めた。

原発で燃やした燃料を再処理してプルトニウムやウランを取り出し、それを再び原発や高速増殖炉で使おうというのが核燃料サイクルだ。だが、プルトニウムは核兵器の材料にもなりうる危険な物質だ。

その核燃料サイクル政策にお墨付きを与えてきたのが、原子力政策の司令塔である原子力委員会だ。しかし世界的には、プルトニウムを燃やす高速増殖炉の開発はうまく進んでいない。再処理には多額の費用もかかる。核燃料サイクル路線から撤退する国も出てきた。鈴木は原発に反対ではないが、核燃料サイクルに疑問を強めた。

使用済み核燃料の再処理は、利用する量を明確にして、それに必要な分だけの処理量に抑えるべきだ。「全量を再処理する」という従来の政策は変えたほうがいい――。

その鈴木が「全量再処理」政策を守ってきた原子力委員会の委員になったのは、誕生したばかりの民主党の鳩山政権のもと、連立相手の社民党が推薦したことなどがあった。

11年3月に原発事故が起きる。鈴木はこの年の夏に出た雑誌の座談会でこう語った。

講演する鈴木達治郎氏

「原子力発電所の安全の問題にせよ核燃料サイクルにせよ、何度も立ち止まって国民的な議論を行う機会はあったはずです。しかしそうなりませんでした」

民主党政権はエネルギー政策を白紙から見直すことにした。原子力委員会も11年10月、原発と核燃料サイクルを経済性などの面から評価するための小委員会を設ける。鈴木がその座長となった。

鈴木の考えは、経済産業省や電力業界の「全量再処理」路線と対立する。対決は必至だった。鈴木への圧力が強まっていく。

（２０１４年2月21日）

記録に残った圧力

鈴木達治郎が座長を務めた原子力委員会の小委員会は、原発と核燃料サイクル政策の今後に影響する重い役割を担っていた。

その小委員会の討議資料を整えるために、鈴木のほか、経済産業省の官僚や電力業界幹部らによる準備会合が開かれることになる。この議事録などに、経産省や電力業界がいかに鈴木に圧力をかけたかが残る。

２０１１年11月17日の初会合。

経産省資源エネルギー庁の原子力政策課長だった吉野恭司《きょうじ》（49）は、核燃料サイクルの選択肢づくりを始めようとする鈴木らに言う。「（経産省の）総合資源エネルギー調査会に先行して検討すると、反対派にどのような場合にサイクルを止めることができるのかの材料を与える。慎重に検討するべきだ」

あくまで経産省主導で、との趣旨だ。吉野は07年、高知県東洋《とうよう》町の処分場応募が住民の反対でつぶれたときの放射性廃棄物等対策室長である。

同24日、2回目の会合。日本原燃常務だった田中治邦《はるくに》(60)が、核燃料サイクル政策を維持するための発言をしている。

「サイクル政策の落としどころは、将来のオプション(選択肢)を放棄しない形だ」

「高速増殖炉を使って、資源も有効利用できるという従来どおりの説明をして理解を求めていくべきだ」

電気事業連合会原子力部部長だった小田英紀《ひでのり》(56)は再処理が必要な理由を語った。「再処理路線でなければ、使用済み燃料の受け入れ先がなくなり、原発が止まってしまう」

青森県六ケ所村のような「置き場」が必要なのだという本音だ。

よってたかっての圧力が強まる。

総合資源エネルギー調査会は12年5月末になって、2030年の原発依存度の選択肢を「ゼロ」「15%」「20~25%」の三つに絞る。

これに応じて、鈴木も6月中旬、小委員会の議論をもとに、核燃サイクルの選択肢の素案をまとめる。
(1)原発がゼロの場合は全量直接処分にする。つまり再処理をやめる。
(2)15%の場合は、再処理と直接処分の「併存」にする。

（3）20〜25％の場合も、再処理と直接処分の「併存」にする。
そうして鈴木は素案に「『全量再処理』を原則とする核燃料サイクル政策は変更されるべきものとする」と書き込んだ。

これに経産省や電力業界がかみついた。

（2014年2月22日）

つぶされた試み

資源エネルギー庁原子力立地・核燃料サイクル産業課長だった森本英雄（51）は、原子力委員会事務局にメールを送り、「原発依存度20〜25％の選択肢にも全量再処理を追記すべきだと迫った。

「（再処理工場を抱える青森県の）県議会の本格論戦が始まります。今回の案が表に出れば、知事は高めのボールを国に投げないと議会との関係でもたなくなる」

知事が強い反発姿勢を見せないと県議会が納得しないというのだ。

さらに事務局職員までが座長の鈴木にメールで文句をつけた。電力会社からの出向者だった。

鈴木の「核燃料サイクル政策は変更されるべきものとする」という言葉の上に、それを消す線をひいて「ことさら政策を変更したと宣言する必要はない」と反対した。

電力会社から事務局への出向は問題になり、のちに取りやめになる。

２０１２年６月21日、原子力委員会は選択肢を正式に決定した。「20～25％」の場合は「全量再処理」が有力としたが、再処理と直接処分の「併存」も明記した。

後退ではあったが、「全量再処理」以外を認めないという縛りを解き放った。独自性は大きかった。

ところが……。

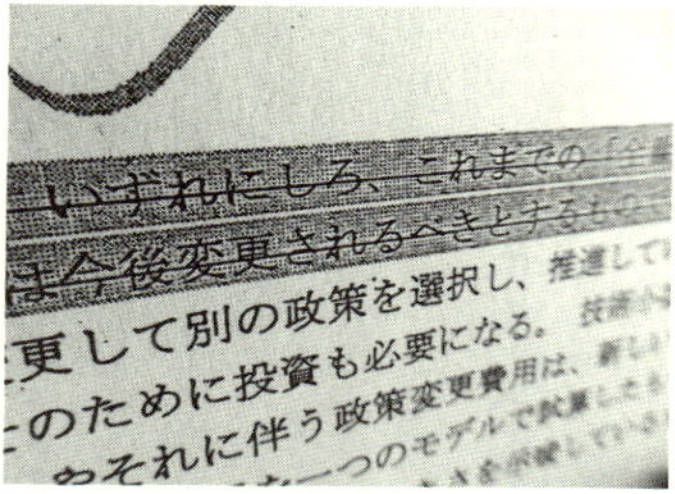

鈴木達治郎氏の素案への注文

５月24日の毎日新聞朝刊が、鈴木らの準備会合を「推進側だけの秘密勉強会」だと報じた。その夜には、テレビ朝日が、会合を隠し撮りした映像も放映した。部内者のリークとも思われるような動きだった。

鈴木は、小委員会の資料作成のための作業と説明したが、この報道で原子力委員会の決定は重みを失う。

環境エネルギー政策研究所長の飯田哲也《てつなり》（55）は直後、ツイッターでつぶやく。「再処理消極派の鈴木さんが陥《おとしい》れられたのでしょうか？」

安倍政権の有識者会合は13年10月、原子力政策について今後は原子力委員会ではなく、経産省がまとめるエネルギー基本計画で位置づけるという方針を示した。

結果的に、「全量再処理」に穴をあけようとした原子力委員会の試みはつぶれた。

（２０１４年２月23日）

4 止まらない「サイクル」

幻の再処理中止協議

実は、コストがかかることなどを理由に再処理を中止しようという協議が過去にあった。

1枚の極秘メモがある。経済産業省職員がつくったもので、ワープロ打ちだ。２００４年5月12日付。青森県六ヶ所村の再処理工場の中止を、経産省と東京電力が協議したとの内容だ。関係者から入手した。

「一昨年（02年）の連休のころ、荒木、南、勝俣―広瀬、河野、迎で六ヶ所中止の話をした……その後、東電内で議論をして、『やめることでお願いします』との報告が広瀬次官になされたはず。その際は、次の次官が対応ということになった」

名前は、東電会長の荒木浩（82）、社長の南直哉（78）、副社長の勝俣恒久（73）。経産事務次官の広瀬勝貞（71）、資源エネルギー庁長官の河野博文（68）、同庁電力・ガス事業部長の迎陽一（62）。そうそうたる顔ぶれが中止を話していた。

再処理工場は使用済み核燃料を使った試験を05年に予定していた。施設が放射能で汚れてしまうと、もう後に戻れない、と協議が急がれた。

02年7月、広瀬の後任の事務次官に村田成二（69）が就いた。電力自由化を進めた人物だ。村田就任直後の02年8月、東電のトラブル隠しが発覚する。荒木や南は辞任し、電気事業連合会会長のイスは関西電力にまわる。極秘メモは、その後の情勢も分析している。

「藤さんは（経産省などを）取材したようで、その結果、全社一体となってサイクル推進の方針を固めた模様。それ以後、推進路線は不変」

藤とは関西電力社長で電事連会長に就いた藤洋作《ようさく》（76）。運転中止の動きは止まったように見えた。だが村田らはあきらめなかった。

関係者によると03年夏、エネ庁と電力会社の幹部で何度か会議をもったという。トップの代理人が出るという意味で、「エージェント会議」と呼んだ。ここで東電は再処理中止の3条件を示した。

（1）国が謝り、政策変更を宣言する
（2）（再処理工場建設の）2兆円のコストは国が賠償する
（3）青森対策は国と電力でおわび行脚《あんぎゃ》する――

しかし当時の経産相、中川昭一が首を縦に振らなかった。父・一郎は科学技術庁長官時代、原子力船「むつ」で青森県と因縁があった。

極秘メモに電力・ガス事業部長として名が残る迎は、いま関西電力の常務。取材に「様々な協議があったのは事実」と語った。

（2014年2月24日）

族議員によるつるし上げ

核燃サイクルは壮大な無駄遣いだ――。再処理工場中止をめぐる経済産業省と東京電力の協議を見ていた経産省の若手官僚が、「19兆円の請求書」と題した文書を手に政治家やマスコミを回り始めたのは2004年3月のことだ。

核燃サイクル路線をとって再処理工場を40年間動かすと19兆円のコストがかかる。工場建設費が予定の3倍に膨らんだことを考えると、核燃サイクルは総額で50兆円を超えるコストになるかもしれない――。

04年5月14日午前8時。自民党のエネルギー関係幹部会が、東京・永田町の党本部7階で開かれた。

新聞や雑誌が、若手官僚の主張を報じ始めたことで、幹部会は経産省をつるし上げる集会と化した。自民党からは電力業界とつながりの深い議員が、経産省からは資源エネルギー庁長官ら幹部が出席した。

その議事概要が記者の手もとにある。

青森出身議員「県民に説明ができない。どれほど大きなダメージになったのか認識しているのか。仮に再処理が必要ないなら、いまあるもの（使用済み燃料）を（各原発に）お持ち帰りいただいて、好きにやっていただきたい」

商工族議員「役所の中には（再処理せずに地下に直接処分する）ワンススルー派もいる。使用済み燃料をどうするのかについて責任をまったく持っていない。原子力に携わる人間を出世コースに乗せるようにするべきだ」

電力会社出身議員「（再処理が直接処分より安く見えるように）強引に仮定を作れば良い」

この幹部会に出た電力・ガス事業部長の寺坂信昭（60）は、事務次官の村田成二に報告に行く。寺坂は11年の原発事故時の原子力安全・保安院長だ。報告の際の記録があった。

村田は言う。

「いますぐワンススルーにしろ、と言っているわけではない」

寺坂はくってかかった。

「もうもちません。六ヶ所の再処理工場は動かすしかありません」

この件について村田は取材に応じない。

2兆円以上かけた再処理工場は06年3月31日に試運転を始める。しかし、完成は装置の不具合などで20回以上延期されている。（2014年2月25日）

日本原燃の反論

2012年夏、東京・永田町の国会議員会館で「今後の核燃料サイクル政策について」という文書が出回った。A4で13ページ、副題に「六ヶ所再処理工場の運転」とある。

「再生可能エネルギーを増やしても火力・原子力を置き換えることは困難で、核燃料リサイクルと組み合わせた原子力を利用しなければ、我が国の将来世代を危機に陥れる」

「半世紀にわたり進めてきた原子燃料サイクルを廃止すれば、大きな政策変更コストが発生する」――。

作成者は青森県六ヶ所村の核燃サイクル施設を運営する日本原燃幹部。原子力委員会などで進む核燃サイクル見直し論への反論ペーパーだった。

その年2月、民主党の国会議員有志による勉強会が、核燃料サイクル見直しのための具体的な方針を示した提言を発表していた。

会長は馬淵澄夫《まぶちすみお》（53）。核燃サイクル政策は実質的に破綻しているとして再処理工場の稼働を中断し、各都道府県などで使用済み核燃料を保管する（責任保管）という案だ。

原燃の反論ペーパーは自らの論理でこれも批判した。「実現不可能。荒唐無稽な『無責任提案』だ」

馬淵の勉強会には約70人の議員が参加していた。ところが提言内容が外に伝わりだすと、署名できないという議員が１人２人と出てきた。

「地元の選挙区で大変なことになっていて……」

選挙を支える電力系労組などが反発しているのだという。結局、提言に議員の署名はつけられなかった。

安倍政権にかわった後の13年のお盆前。自民党の村上誠一郎《せいいちろう》（61）は、同党の「福島原発事故究明に関する小委員会」委員長として、今後のエネルギー政策に関する提言の素案をまとめた。村上は特定秘密保護法案の衆院採決で自民党でただひとり棄権した議員だ。

「使用済み燃料棒の処理法については10年以内に結論を出すこと」「それまでは原発の新規建設を見送る」。そんな内容だった。

村上は思っていた。再処理で取り出したプルトニウムを使う高速増殖炉もんじゅが重大事故を起こしたら対応できない。そうした問題をまずは解決すべきではないのか——。だが、経済産業省出身の議員や電力族議員から猛反発を受ける。こう書き直さざるをえなかった。

「核燃料の最終処理法については可及的速やかに経産省が方針を策定すべきである」

（２０１４年２月26日）

小泉元首相の訴え

「原発のごみ」をどうするのか。２０１４年２月９日の東京都知事選では、もっと問われるべきだった。

元首相の小泉純一郎（72）は13年11月12日の日本記者クラブでの会見で言った。「核のごみの最終処分場のメドをつけられると思う方が楽観的で無責任すぎる」

小泉は13年８月、フィンランドの核廃棄物の最終処分施設「オンカロ」を訪れた。放射能が無害になる10万年後まで、その危険性をどう伝えていくか。フィンランドの地盤は安定しているが、日本は地震が多く、掘ればすぐに水が出る——。

小泉の応援を受けて都知事選に出馬した元首相の細川護熙《もりひろ》（76）は14年１月22日の会見で「処分場の受け入れも考えるか」と聞かれ答えた。「それは負担しなきゃいけない」

そんな小泉らの考えに通じる匿名文書が11年夏、東京・永田町に出回った。タイトルは「原子力発電のバックエンド問題について」。

バックエンドは「後始末」を意味する。Ａ４判23ページ。電力に詳しい関係者がつくったのは間違いない。

もう核燃料サイクルはやめ、使用済み核燃料は例えば各都道府県で引き取って保管してはどうか。引き取りが嫌なら必要な対価を払って他地域に引き取ってもらう――。

匿名文書は訴える。「後世に負の遺産を残すという事態を避ける努力をすることが我々の責務だ」

日本学術会議の「高レベル放射性廃棄物の処分に関する検討委員会」も12年９月、地震や火山活動が活発な日本では、万年単位で安定した地層を見つけるのは限界があるとして、いつでも廃棄物を取り出せる施設を造り、数十～数百年間暫定保管するべきだ、との提言をまとめた。

決め手は、神戸大学名誉教授の石橋克彦《かつひこ》（69）への意見聴取だった。地震と原発災害が複合する「原発震災」を警告してきた研究者だ。

検討委員会委員長の東京工業大学教授の今田高俊《たかとし》（65）が「地中に埋めるのはリスクが高すぎますか」とたずねると、石橋は答えた。

「そうです。日本で10万年もの間、地震の影響を受けない場所を選定することは不可能です」

都知事選を経ても、問題は消えていない。

（2014年3月2日）

第6章　買われたメディア

1　癒着が事故で明らかに

2011年の東京電力福島第一原発事故のあと、ツイッターなどで、新聞、テレビなどのメディアも「原子力村」の一員だった、との批判が強まった。

確かに振り返ってみると、原発の危険性を指摘する報道が時々なされたが、メディアは総じて、「原発は必要な電源だ」という側に立っていた。

朝日新聞も事故前、社論として「イエス・バット（条件付き容認）」の立場だったが、東電の原発事故をうけ、ようやく転換する。

2011年7月13日朝刊1面で、「提言『原発ゼロ社会』いまこそ、政策の大転換を」との見出しを掲げ、大軒由敬《おおのきよしのり》・論説主幹（当時）が、「原子力発電に頼らない社会を早く実現しなければならない」と主張した。

そんなころ、朝日新聞社内では、原発事故をふまえ、なぜ、被爆国・日本で「核」が電力に利用されたのか、なぜ、朝日新聞が「イエス・バット」の社論を持ったのか、などを検証する連載の企画が持ち上がった。

経済部出身の私には、この連載の中でとくに「カネ目」の話を追及してほしいとの依頼を受けて、取材班に加わった。電力会社のカネでメディアが買われるような実態はあったのかどうか、そして、あったとすれば、どういう経過や事情だったのか――。

「原発とメディア」とのタイトルがついた、その夕刊連載は２０１１年10月から12年12月までの計３０６回におよんだ。このうち私が書いた「マネー」編は12年9月から10月にかけて計33回を数えた。恥ずかしくても、事故のあと、一度はしなければならない「検証」だった。

以下は私が書いた、その「マネー」編からの引用や要約である（いずれも敬称略）。「原子力村」の一員としてのメディアということで、本書に取り込んだ。分かりやすくするため、途中に私自身の取材経緯などを書き加えた。

初回、朝日新聞の先輩記者の話から始めた。

消えた東電情報誌

東京電力が営業所に置いていた情報誌「ＳＯＬＡ《そら》」が消えた。２０１１年夏号をもって廃刊になった。無料で顧客らに配布してきたが、福島第一原発事故で発行元から買い取る余力がなくなった。

１９８９年創刊。旧ソ連・チェルノブイリ原発事故を受け、脱原発の世論が高まった頃だ。数万部出されていたという。表紙を含め48ページの最終号は「ザ・節電！」と銘打って節電の手法やグッズを特集。料理レシピなどもあってカラフルだ。

発行元は「井田企画」（東京都港区）。朝日新聞OBを名乗ることもあったという代表者に取材を求めたが、かなわなかった。

実際の編集でも、朝日のOBが深くかかわった。編集長は朝の情報番組のキャスターをして全国的な知名度を持った元編集委員の江森陽弘《ようこう》（80）。元論説主幹の田中豊蔵《とよぞう》（79）による対談記事や元論説委員の岡田幹治《もとはる》（71）の環境関連の記事も載った。

当初は年6回の発行だったが、近年は4回の季刊になっていた。江森の記憶では、創刊時は年間で数百万円の報酬を受けていたが、最近では年200万円余に減っていたという。編集長とは名ばかりで、過去の取材で知り合った女性のタレントや歌手らとの対談記事を載せていた。

週刊現代は、11年8月20・27日合併号の「東電マネーと朝日新聞」と題した記事で、

東京電力の情報誌「SOLA」創刊号（表紙・部分）

「ＳＯＬＡ」を取り上げた。「朝日は今でも有力なオピニオンリーダーだ。だからこそ、原発を推進したい東京電力は是が非でも抱き込みたかった」

江森は振り返る。「うかつにも僕の名前と経歴を東電に利用された。東電は、自らの近いところに『朝日』がいるんだ、と世間に知らせたかった」

電力10社は近年、広告宣伝に年１千億円前後を費やした。ほかに国や業界団体も独自の広報予算を組んでいた。（２０１２年９月３日）

２０１１年の東京電力福島第一原発事故がなかったら、この「ＳＯＬＡ」は話題になることはなかったろう。「ＳＯＬＡ」の編集には朝日新聞の元論説主幹もかかわっていた。論説主幹といえば、朝日新聞が毎日出している社説について、最終責任を負う重い立場だ。正直に言うが、私は元論説主幹を取材しながら情けない思いでいっぱいになった。朝日新聞時代の肩書を使って、東電の経営者らと原発推進を語り合う記事を書き、東電からお金をもらう――吐き気を催すような気分になるが、私はありのままに描いた。

取り込まれた元論説主幹

東京電力の情報誌「ＳＯＬＡ」には、朝日新聞の元論説主幹・田中豊蔵の対談記事が１

998年から載った。江森の対談は女性相手の軟らかめのつくりだったが、政治部出身の田中は硬派路線。政財界の要人が相手だった。

東電福島第一原発事故の直前に発行された2011年春号には、事故後に官邸と東電との連絡役を務めた元東電副社長・武黒一郎（66）との対談が出ている。当時、武黒は原発を新興国に売り込む「国際原子力開発」（東京都千代田区）の社長だった。

田中は「環境面に優れ、コストや供給面も安定している原子力発電に期待が集まる」としたうえで、「（売り先に）どういう点で日本の良さを打ち出していきますか」と質問。武黒は「一番大切なことは安全を確保することです」と答えている。

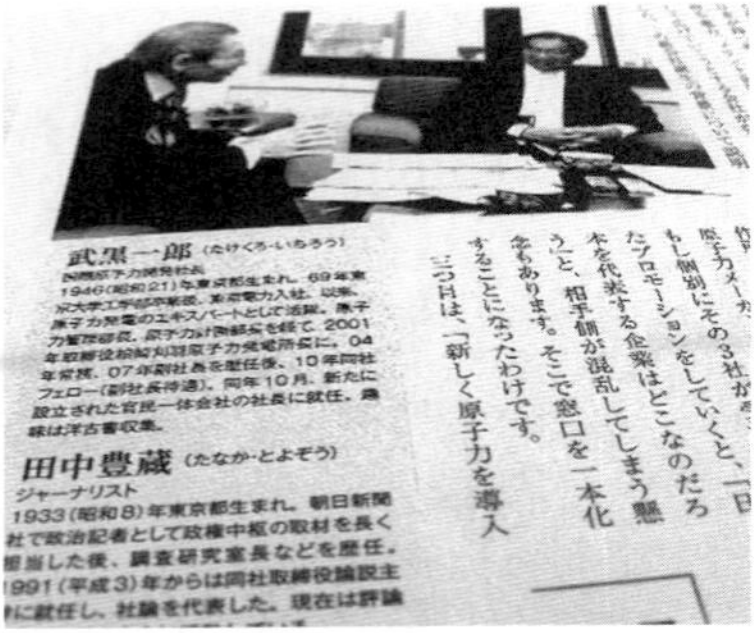

「SOLA」2011年春号の田中豊蔵・元朝日新聞論説主幹（左）と武黒一郎・元東電副社長の対談記事

約50人の対談相手は、田中自らがセッティングしたという。田中は取材に「多くは記者時代を通じて知り合った人たち。人選から内容まで何の注文もつけず、対談の場を提供してくれた東電関係者に感謝している」と話した。

対談相手には当時の東電会長の荒木浩（81）や東電副社長から参議院議員になった加納

時男（77）らもおり、原子力発電の推進を語り合った。

田中は言う。「（東電関連の人間を）出すのは礼儀だ。必要以上のお世辞は言ってない」。さらにこうも語る。「東電は原発事故が起きるまで、朝日を含めて優良な広告主だった」

田中はまた、日本原子力文化振興財団理事長や経済産業相、青森県知事らとも原子力発電の必要性を論じている。

記事には毎回、「朝日新聞の論説主幹に就任し、社論を代表した」といった略歴が添えられた。報酬額について、田中は「プライベートなことなので」として明らかにしなかった。　（２０１２年９月４日）

「ＳＯＬＡ」に対する一般の認知度はそう高いものではなかった。江森や田中が朝日の原発報道に口出しした形跡もない。東電の広告宣伝のための普及開発関係費２６９億円（11年３月期）の中では、発行にかかった費用は取るに足らない額と見られる。

だが、もとは利用者が支払う電気代だ。

残念ながら、朝日新聞の記者が退職後、電力業界の誘いにのって「再就職」したケースはほかにもあった。

再就職した記者たち

朝日の社論として、条件つきで原発を容認する「イエス・バット」を打ち出した元論説主幹・岸田純之助《じゅんのすけ》（92）は論説顧問だった1985年、65歳で退社。関西電力の隔月の広報誌「縁《えん》」の監修者になった。自著『八十年の回想』にこう書いている。

「関西電力から連絡があった。『インテリ向けの広報誌刊行を計画している。監修者になってもらえないか』。私の計画では論説顧問は65歳の誕生日までと決めていた。次の仕事を探しておかなければならない。その一つが決まったわけだ」

監修は終刊となる2001年5月号の100冊目まで。「仕事が楽しくなったのは年一回、プラン会議のあとに『歌う会』が設定されたことだった」とも記している。

岸田への報酬について、関電は「社会通念に照らして適切な金額」（広報室）とする。岸田は92年4月～12年3月、原発の安全性を研究する関電の「原子力安全システム研究所」の最高顧問でもあった。関電は最高顧問としての報酬額についても「回答を差し控える」と説明を避けている。

電力業界の関連団体への再就職も少なくない。11年3月の東京電力福島第一原発事故のあと、『東電帝国　その失敗の本質』を出した朝日新聞経済部OBの志村嘉一郎《かいちろう》（71）は

01～03年、電力業界の研究機関「電力中央研究所」の研究顧問をしていた。

「『マスコミ枠』が空いたんだろう。研究者の原稿を分かりやすく書き直す仕事だった。出勤は週2～3回。報酬は月20万円。『食客』だよ」

食客とは貴族が才能のある人物を客として養うという中国の古い風習だ。志村は言う。

「僕も原発賛成だった。だけど、3・11まで。『原発は絶対安全』という神話にだまされていた、と思って本を書いた」

同研究所の研究顧問には、読売や毎日の元論説委員らが就いていた時期がある。関連団体を調べれば、記者OBはまだ出てくる可能性が高い。別冊宝島1821号『原発の深い闇2』（11年11月15日発行）の記事はこう指摘した。「メディアOBたちも原発推進の世論誘導に手を染めてきた」

（2012年9月5日）

「マネー」編の取材を始めて分かったことがある。電力会社から、とりわけ標的とされたのが朝日新聞の記者だったということだ。後に触れる広告の話でも朝日新聞が狙われた。「有力なオピニオンリーダー」（週刊現代）とされた朝日新聞を取り込んで、ほかにも広げていくという戦略だったのだろうか。

実際、電力会社は朝日新聞だけでなく、幅広くメディアとの関係を築いていたことを皮肉にも2011年3月の東日本大震災が明らかにした。
ここから、メディア全体に話を広げる。震災当日の話から。

中国ツアーの発覚

2011年3月11日。iPadの画面上のニュースが大地震発生を伝えていた。週刊現代の元編集長・元木昌彦（66）はiPadをバス最後部の東京電力会長・勝俣恒久（72）と副社長・皷紀男《つづみのりお》（66）に渡した。2人は「じーっと見ていた」という。

この日。「愛華訪中団」と称する電力会社幹部とマスコミ人ら約20人は北京市内を移動していた。今回で10回目。旅程は6～12日で、団長の勝俣は10日に合流。勝俣は震災を受けてすぐに帰国しようとしたが、飛行機に乗れたのは翌12日早朝だった。

週刊文春は11年3月31日号で、訪中団を取り上げた「中国ツアー『大手マスコミ接待リスト』を入手！」との記事を載せ、「東電のマスコミ懐柔網」と指摘した。のちに東電社長の清水正孝（68）が奈良にいたこともわかり、問題は原発を持つ電力会社首脳の危機管理に広がった。

訪中団を主催したのは出版界の重鎮・石原萠記《ほうき》（87）だった。きっかけについて石原は自著に「各界指導者、とくに（東電元会長の）平岩外四先生にご協力を願い、経済、政界、マスコミ界指導者と、中国の各界指導者が定期的に交流する」ことと書いている。

過去の記録では、団長を東電元社長・荒木浩（81）が多く担い、東電労組出身で連合会長もした笹森清《ささもりきよし》や後に参院議長になる江田五月《えださつき》（71）らも参加していた。

11年3月の参加者は、毎日新聞元主筆や中日新聞相談役、週刊文春元編集長、関西電力や中部電力の幹部ら。メディアの参加費は1人5万円。中国要人への土産代に充てられた。東電は「（支払いは）当社の参加メンバー分の実費のみ」（広報部）と言うが、では残りの費用を誰が賄ったのか。

元木によると、メディア側の飛行機の席はエコノミークラスで、ホテルは2人相部屋だった。ブログには「『監視する目に、緩みは生じなかったか』という疑問には、こう答えた。私は昔も今も『原発反対』派で揺るぎはない」と書いた。

メディアの筆が鈍るのではないか、との疑念を持たれる可能性もあった訪中団。その存在は3・11がなければ表に出ることはなかった。


（2012年9月6日）

「愛華訪中団」を主催した石原萠記氏の経歴を調べると、1956年に反全体主義・反共産主義を旗印とする知識人グループの「日本文化フォーラム」を立ち上げた人物だった。59年からは月刊誌「自由」を2009年2月号で休刊するまで発行した。林健太郎や竹山道雄、平林たい子、関嘉彦《せきよしひこ》の各氏ら保守系文化人が集った。

石原氏へのインタビュー取材で印象的だったのは、氏が東京電力の名経営者と言われた木川田《きがわだ》一隆《かずたか》氏や平岩外四氏を「先生」と呼んでいたことだった。東電から資金的な支援を受けていたことも隠さなかった。

とてつもない災厄をもたらした東電の原発事故だったが、それが電力業界とメディアの親しい関係を「公」にした。こんな話にも出くわした。

サロンの背後の「カネ」

東電は高名な科学者や科学系ジャーナリストとの人脈も築いてきた。

朝日新聞ＯＢが編集に関わった東電の情報誌「ＳＯＬＡ」と同じ89年、照明を意味する科学情報誌「ＩＬＬＵＭＥ《イリューム》」を創刊した。

科学教育の発展と科学ジャーナリズムの振興への寄与をうたい、半年に一度、1万2千部が教育機関や図書館、主要企業、マスコミに無償配布された。

編集顧問には建築家の磯崎新《いそざきあらた》や生命科学の中村桂子《けいこ》、元東大総長の吉川弘之《よしかわひろゆき》ら一級の識者が就いていた。

毎号掲載のインタビュー記事には福井謙一、江崎玲於奈《れおな》、白川英樹、野依良治《のよりりょうじ》、小柴昌《こしばまさ》俊《とし》とノーベル賞受賞者が並び、インタビュアーとして朝日新聞の論説委員や編集委員が加わった。

評価は高かった。一方で、エネルギー問題を取り上げたことはあるが、07年12月の38号で休刊になるまで、原発を扱うことはなかった。

なにやらフランス貴族が文化人を招いて知的な会話を楽しんだサロンのように見える。ある広告会社の社員は、電力会社を良きパトロンに例えた。「カネは出すが、口は出さない。でも、支援を受ける側はパトロンそのものの批判はできない」

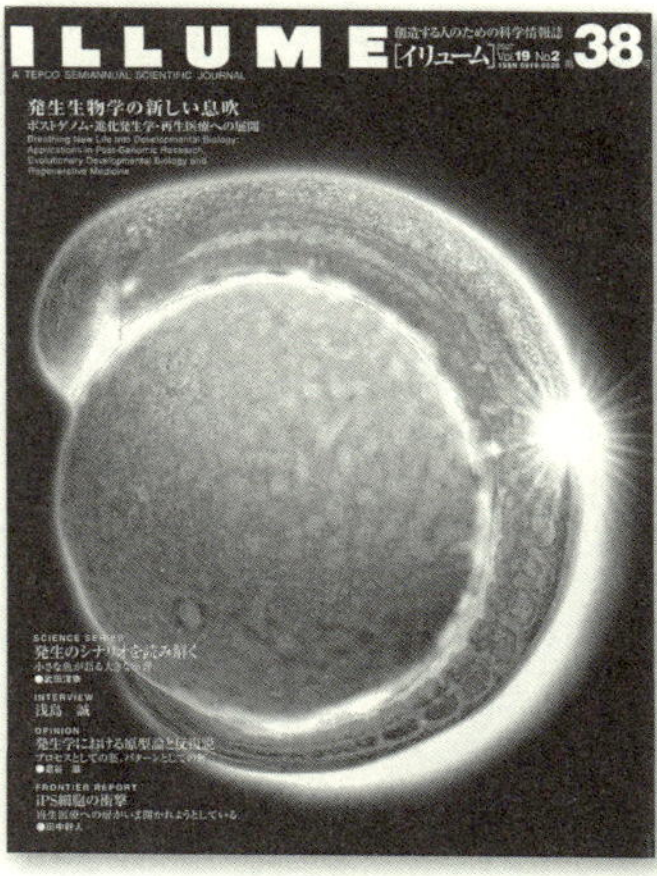

東電の科学情報誌「ILLUME」

東電の広告宣伝のための「普及開発関係費」は、86年のチェルノブイリ原発事故の影響などで急増。10年度の269億円の内訳については、12年4月になって初めてテレビ・ラジオ放送70億円、広告・広報掲載46億円などと示された。

だが、サロンづくりの実態はまだ分からない。

（2012年9月7日）

雑誌の発行だけではない。例えば、各地の電力会社がスポンサーとなるテレビ番組は、地域文化の紹介や音楽・教養番組が多く、それらの番組の評価も高かった。原発に対する風当たりを弱くすることに役立ったのだろう。

2 取り込まれ、一体化して

「原子力村」は、原発の黎明期から、メディアを取り込もうとしていた。この取材に、私はある意味、興奮した。現代の「原子力村」が、戦前の「大政翼賛会」に似ていたからだ。

戦争遂行に異論を許さない体制は、原発推進に異論を許さない体制と言い換えられるし、そのどちらの体制づくりにおいても、メディア・報道機関が協力していた。

両者の違いは、原発の場合は、電力会社が出す広告が、メディアとの間をつなぐものとしてあったことだろうか。広告の話は後にまとめる。ここでは、「原発推進」の体制づくりへのメディアの協力の経緯と、その行き着いたところを報告したい。

約半世紀前にさかのぼる。調べてみると、「原子力村」の中心的な組織が誕生したとき、まさに戦前の大政翼賛会の残滓《ざんし》を引き継いでいたことが明らかになった。

「エネルギー大政翼賛会」

マスコミを含む日本の原子力推進体制の源流をたどると、ある人物に行き着く。1981年に87歳で亡くなった橋本清之助《せいのすけ》。

評論家・田原総一朗《たはらそういちろう》は同年に出版した『生存への契約』（文庫本は『ドキュメント東京電力』と改題）で、「日本原子力界の陰のプロデューサー」と評している。

橋本は戦前、時事新報ドイツ特派員などを経て大政翼賛会の創立にかかわり、42年には翼賛政治会の事務局長となる。

「原子力の父」と称される読売新聞社主・正力松太郎《しょうりきまつたろう》とは44年にともに貴族院議員になった仲だ。正力に原子力の知識を伝授したのは、橋本だったとされている。

橋本は自著に「（広島、長崎に落ちた）爆弾を電力にして平和利用できるなら、エネルギーとしてのより広い利用の道が開けるはずだ」と書き、産業界に日本原子力産業会議（現・日本原子力産業協会）の創設を働きかけた。

56年の設立時には初代の事務局長に就いている。毎日新聞・河合武の『不思議な国の原子力』に当時の産業界の熱気が記されている。

「会費を払って、さっそく加盟した会社が実に600社もあった」
『財閥』は戦後、解体させられたものの虎視眈々《こしたんたん》とその復活を狙っていた。原子炉は、ちょうどいい促進剤になった」

橋本は69年、原子力の啓蒙《けいもう》を図る「日本原子力文化振興財団」が設立されると、常任監事に就く。

「原子力文化」の名は橋本が考えついたものだという。原子力を社会にどうやって浸透させるか、橋本の気概が伝わってくる。

田原は『生存への契約』で、東電の名経営者として知られる木川田一隆をして「(橋本の狙いを)『要するにエネルギー大政翼賛会をつくろうというのだな』と合点していた」と語らせている。

核兵器には反対した橋本だったが、反原発運動への嫌悪感は隠さなかった。

自著にこう書いている。「人類絶滅の凶器と文明創造の道具とを一緒くたにして、よく知らない大衆を煽動《せんどう》する者がいます。放射能について非常に偏った受けとり方をして、恐ろしさをひたすら宣伝しているのです」

(2012年9月11日)

橋本清之助氏のこの原発推進の「体制づくり」に、メディアはどう応じたか。連載の中でさらに追った。

再稼働提言に携わるマスコミ重鎮

1955年。日本テレビ社長で読売新聞社主だった正力松太郎は「原子力平和利用博覧会」を開いた。

正力は「(それを）読売新聞と日本テレビの全機能をあげて報道し、世論の一変を期した」(日本原子力産業会議『原子力開発十年史』）という。正力は原子力委員会の初代委員長に就いた。

社団法人「日本原子力産業協会」の前身「日本原子力産業会議」が56年に発足すると、朝日や読売、毎日、日本経済などの各紙幹部が参与や委員になった。原子力とメディアはこうした関わりをもった。

そして、チェルノブイリ原発事故の影響で反原発の声が強まった1989年。日本原子力産業会議の年次大会で、会長になっていた日本経済新聞元社長・円城寺次郎の所信表明が読み上げられた。

「一部の人々があたかもファッションのごとく草の根（の原発反対）運動に身を投じていくさまは尋常ではない。放射能の恐怖をいたずらにあおりたてる感性が原動力となっている以上、われわれはこれを座視せず、敢然と闘わなければならない」

2011年の原発事故後もそうした関係はなかなか変わらなかった。

「停止中の原子力発電所の再稼働が実現しなければ、電力需給は極めて厳しい」

原子炉メーカーや商社などの経営トップが12年3月、野田佳彦首相に原発再稼働を提言した。そこには、マスコミ界の重鎮の名前が連ねられていた。

提言したのは「エネルギー・原子力政策懇談会」（会長：有馬朗人・元東大総長、座長：今井敬・日本原子力産業協会会長）の有志だった。もともとの名を「原子力ルネッサンス懇談会」といった。

その有志の中に、読売新聞グループ本社取締役最高顧問の老川祥一《おいかわしょういち》（70）、フジテレビ会長の日枝久《ひえだひさし》（74）、テレビ東京社長の島田昌幸（67）の3人の名があった。各社の説明はこうだ。

読売新聞広報部は「（老川は）社論に沿って、わが国の進むべき道を提言したものであり、何ら問題はない」、フジテレビ広報局は「日枝個人として、提言に名前を連ねている。（原発問題は）是々非々で報道している」、テレビ東京広報部は「個人の見解で参加している」。

（2012年9月10日）

電力会社はテレビ局に、役員や番組審議会委員を送り込んでいた。次の記事は、フジテレビの話で始めたが、同社がメディアの世界で特別ではないことは文中のデータで示した。

電力会社から民放の役員・審議委員に

東京・台場の高級ホテルで（2012年）6月末、フジテレビの親会社「フジ・メディア・ホールディングス（HD）」の株主総会が開かれた。

「福島の原発事故を見れば、監査役なんてできない」。ある株主がHDの社外監査役・南直哉《のぶや》（76）の辞任を求めた。

南は元東京電力社長。複数の原発の自主点検データを改竄した2002年の「トラブル隠し」を受け、社長を辞任。その後、HDの監査役に就いていた。

辞任を求めたのは、日本工業新聞（現フジサンケイビジネスアイ）元社員の松沢弘（65）。リストラ策に反対する労組を立ち上げた後に解雇され、今も訴訟で争う。

総会は非公開だった。松沢や終了後に報道対応したHDの広報部長によると、松沢は辞任を求めた理由をこう語った。「南さんが監査役にいることで、フジの報道現場は（原発報道で）萎縮《いしゅく》している」

これに対し、HD側は担当役員が「南監査役は企業経営者として豊富な経験、知識を有し、当社のガバナンスを充実させる職責を果たしている」「萎縮するのでは、とありましたが、まったくない」と答えた。

質問を続けようとする松沢に対し、議長を務めたHDの会長・日枝久（74）は「簡潔に」などと言い、打ち切ろうとしたという。松沢は今も思う。「会長と南さんの親しい間柄をみれば、社員がそれに影響されないわけがない」

フジだけではない。テレビ朝日は原発事故後の11年5月まで、東電会長だった勝俣恒久（72）を放送番組審議会の委員に迎えていた。愛知の主要5局のうち4局は役員、残る1局は放送番組審議会の委員を中部電力から受け入れている。

放送番組審議会は放送法に基づいて設置され、委員からの番組への意見を局側は尊重するとされる。

『日本民間放送年鑑２０１０』を調べると、掲載された２０２社のうち、主要株主に電力会社名、番組審議会委員に電力会社幹部らの名前が確認できたのは、少なくとも61社あった。

年鑑は役員の就任状況について詳しく書いておらず、電力会社からの役員を含めれば両者の関係はさらに濃くなるはずだ。

（２０１２年10月15日）

電力会社が巧妙なのは、こうした上層部のつながりだけでなく、取材記者が詰める「記者クラブ」を、他の業界より上手に使いこなしていたこともある。

電力・エネルギーの記者クラブに席を置く記者は、電力会社の広報部員らとの付き合いを通じて、次第に原発を推進する側の思考回路を持つようになる。こんな具合だ。

記者クラブの価値

東京電力福島第一原発事故から2週間余がたった2011年3月30日。会長だった勝俣恒久が初めて陳謝した会見で、日本経済新聞の記者が質問でこう言った。

「会長様、社長にご在任中から……」。未曾有の事故を引き起こした会社のトップに「様」をつけたことも材料に、ツイッターなどでは「記者クラブ」批判が飛び交う。

電力業界を取材する記者が入る「エネルギー記者会」は、09年に完成した23階建ての経団連会館（東京・大手町）の18階にある。電力会社10社でつくる電気事業連合会（電事連）の広報部の隣だ。建て替え前も同じフロアに「同居」していた。

同記者会にいた記者によれば、20〜30年前は夕方になると電事連などからビールやつまみが提供された。その後、電力各社の広報担当者らと夜の街に繰り出し、帰りのタクシー券をもらう記者もいたという。電力会社の元広報担当者は「飲み会や土産つきの原発見学会を開いていた」と語る。

「公的機関などを継続的に取材するジャーナリストらで構成される取材・報道のための自主的な組織」「迅速・的確な報道が可能になり、より深く取材、報道することができる」――。日本新聞協会は記者クラブをこう定義し、意義づけている。

しかし、大手広告会社出身の谷村智康（48）は05年に出した本で、企業側から見た記者クラブの利用価値を書いた。

「会社の情報をのせようと思ったら記者との関係を密にしておかなくては。それなら社内に常駐してもらえばいい、と考えました」

「維持費は大した金額ではありません。それで記者を囲い込めるのだから安いものです」

電力会社の広告業務に携わった経験を持つ谷村は、こうも書いた。「意見の分かれる原発を抱える電力会社などは、記者クラブ運営に力を入れています」（２０１２年10月12日）

この記事は、東京の事例を書いたが、地方に行けば、もっと濃密な関係かもしれない。その地の電力会社が、その本社内で記者クラブの部屋をもつケースもあった。

こうして全国レベルでメディアを含めて形成された「原子力村」、大胆に言えば「エネルギー大政翼賛会」は、原発に反対する「異論」を認めようとはしなかった。記事でこんな事例を紹介した。

反原発の動きを監視

ジャーナリスト・柴野《しばの》徹夫《てつお》（75）は日本共産党の機関紙記者だった1974年から、原発のルポ記事を書いてきた。

記事をまとめた『原発のある風景』の増補新版を11年に出版。その中で改めて「TCIA」に触れた。東京電力の頭文字「T」に、国際的なスパイ活動や工作を展開する米国の情報組織「CIA」をくっつけた言葉だ。

TCIAについて柴野は「その部課のコンピューターには、地域住民の戸別リストが詳細にデータ化され、購読紙、学歴、病歴、犯罪歴、支持政党、思想傾向……克明に記録されている。そんな『社外極秘』コピーの一部を垣間見た」と記した。

柴野に当時のことを聞くと「電力会社や警察の車にいつも尾行されていた」。柴野はいま、こう考える。「それらが何がなんでも原発を進めるという『国策』を表していた」

評論家の田原総一朗（78）も取材に基づいた小説『原子力戦争』を76年に出版。その中でTCIAのほか、広告会社が住民運動の情報を電力会社側に提供するエピソードを描いた。

実際はどうか。業界に詳しい広告会社社員は取材に対し「興信所を使って調べた住民情報を電力会社に出し、『泥もかぶったので』と言って広告出稿を求めたことがある」と証言した。

反原発の科学者・高木仁三郎は、92年の講演会での体験を自著に書いた。「演壇一杯に花束、花籠《はなかご》。送り主をみて驚いた。女性の名前がずらっと並んでいた」

明らかに高木の言動に批判的な側からの嫌がらせだった。妻の久仁子《くにこ》（67）は感じた。

「原発の反対運動を広げないように、（推進側は）すごいお金を掛けている」

高木の自著にも、原子力業界誌の編集長からエネルギー政策の研究会設立を持ちかけられ、「X社のY会長」から「3億円を用意してもらった」と言われた、とある。高木は「リアリティーが感じられなかった。誘惑に違いなかった」と断る。

柴野や高木の体験、広告会社社員の証言を裏付けるのは難しい。だが、原発に異論を唱える人々が抱いてきた不安は計り知れない。

（2012年9月28日）

3 広告宣伝費の威力

電力業界がメディアとの親密な関係をつくるにあたって武器としたのは、もちろん広告宣伝費というカネの力である。今から考えればおかしなことだが、自動車や携帯電話と違って地域独占で競争のない電力会社に、総括原価方式で巨額の広告費用（普及開発関係費）を電気代で徴収することが認められていた。

電力会社のメディアへの原発推進広告の出稿はどんな経緯で始まったのだろう。調べてみると、最初に「狙われた」のは、朝日新聞だった。こんな経過だった。

朝日の原発関連広告

『電力産業の新しい挑戦』。１９８３年に出された本が今、話題になっている。著者は81年まで電気事業連合会（電事連）の広報部長だった鈴木建《たつる》。経済誌を出すダイヤモンド社の論説主幹だったが、71年に東京電力社長（当時）の木川田一隆に口説かれ、電事連へ移った。鈴木は『挑戦』で、広告を使ったマスコミ攻略を描いている。

電事連の原子力広報体制が強化された74年当時、メディアには、原発をＰＲすると「反対派が押しかけてくる」との雰囲気があった。

そんなとき、東電柏崎刈羽原発のＰＲに関わる広告会社社長が鈴木を訪ねてきた。鈴木は『挑戦』にこう記している。

「朝日新聞の広告部と話が進んでいるとの彼の言葉を信じた。私は当時の朝日新聞論説主幹の江幡清《えばたきよし》さんとは親しかったので『原子力のPR広告を出した場合、社会部や科学部あたりから問題が出ることはないか』と相談したのである」

「ところが『わが社の方針は、原子力発電は将来の国民生活に必要なものであることは認めている。意見広告のごときはいいのではないかと思うが、調べたうえで返事をする』ということであった。間もなく江幡氏からOKの返事がきた」

鈴木も江幡もこの世になく、やりとりは定かでない。

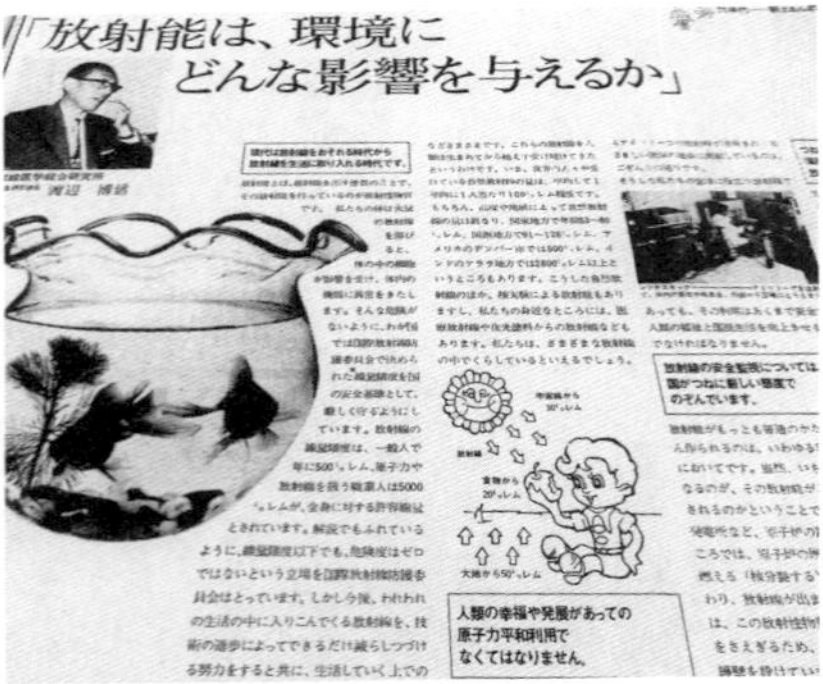
「放射能は、環境にどんな影響を与えるか」

人類の幸福や発展があっての原子力平和利用でなくてはなりません。

1974年８月６日の朝日新聞に掲載された原発関連の広告。日本原子力文化振興財団の名前で出された

だが、実際に広告は74年8月6日、朝日新聞に載った。前年に改定された朝日の広告掲載基準は「表現が妥当なものは掲載する」としている。

『挑戦』には、朝日新聞がこの広告を載せた後の読売新聞の動きも書かれている。

「原子力の父」と呼ばれる正力松太郎が社主だった読売。「(読売が)早速飛んできた。『朝日にPR広告をやられたのでは、私どもの面目が立たない』という。これを機会に読

売は熱心に取り組んできた」

石油危機で経営が厳しかった新聞業界にとって、電力の広告はありがたいものだった。鈴木はこうも記した。「毎年〝原子力の日（10月26日）〟の政府の原子力広報が地方新聞に掲載できるようになったのも、朝日への掲載が道を開いた」

（２０１２年９月13日）


朝日新聞を突破口に、原発推進広告はこうして、「普通のもの」になっていく。反原発派から見れば、それは新聞社が「原子力村」に取り込まれていくように見えたに違いない。ときに原発反対を訴える市民団体の反原発広告も載ったが、豊富な資金力を持つ電力会社のそれとは比較にならないほど少なかった。反対派の当時の危機感も記事にした。

増える原発広告

新聞に原発広告が載るようになった１９７０年代半ばから10年余り。原発が重要なエネルギー源の役割を果たす、という認識が社会に浸透しつつあった。

こうした動きに危機感を持った雑誌「広告批評」は、１９８７年６月号で原発の特集を組む。「明るい明日は原発から」をタイトルにした。込めた意味は「明るい明日は原発をなくすことから」だった。

特集号では、民間の調査・研究団体「原子力資料情報室」の高木仁三郎が新聞の原発広告に論評を加えた。

例えば、白球を握る球児の手を撮った写真を使って「球児たちが大人になるころ、石油の入手はさらに困難になるでしょう。その日のためにも、原子力発電の拡充を」と訴えた79年8月の電気事業連合会（電事連）の広告。高木は「原子力を使わないといずれ足りなくなるとしか言っていない」などと指摘した。

家族でスイカを食べようとしているイラストに「このスイカも3分の1は原子力で冷やしたんだね」という文字を入れた85年7月の東京電力の広告には、「かなりムリヤリ達成した3分の1」と書いた。

この号で高木が取り上げた原発広告は30を超える。82年3月の政府広報の「原子力発電は、『安全』をすべてに優先させています」、83年4月の電事連の「くり返して使う工夫、ウラン燃料もお手のもの」……。どれにも、原発の安全性や必要性を強調する詳しい説明がついていた。

編集長を務めていた天野祐吉（79）は振り返る。「ずるい。こんなたくさんの文字の説明を読む人はいないが、怖いのはそんな広告に慣れてしまうことだ」

電事連や政府など推進側は、電気代や税金から原発広告の掲載料金を確保することができた。一方、市民が「原発反対」の声を意見広告として載せるのは容易でない。「原発のない暮らしに切り替えよう」。東京電力福島第一原発事故後の11年5月、市民の賛同金で反核・反戦を訴える「市民の意見30の会・東京」は朝日新聞や福島民報などにそうした主張も入れた意見広告を出した。市民が意見広告を出す際は料金を安くすることも求めた。「掲載料金を考えると、市民運動が簡単に使える手段ではありません」

（2012年9月18日）

電力会社は反原発、脱原発という「異論」を押さえ込もうと、広告主という立場を利用して、その報道内容、番組内容に口を挟むようになっていく。「介入」である。マスコミ側の自主規制も強まる。

営業からの「抗議」

原子力の危うさを指摘した『危険な話』を書き、反原発運動に「ヒロセタカシ現象」と呼ばれる波を起こした作家・広瀬隆（69）。出版後の1980年代後半、日本テレビ系の深夜番組「11PM」に出演したときのことを近著『原発の闇を暴く』に書いている。

コマーシャル休憩で司会の作家・藤本義一《ぎいち》（79）と一緒に控室にいたときだった。

「突然、営業部が入ってきて『こんな内容では困る』とワーッと藤本さんに文句を言った。関西電力から抗議が入ったのです。藤本さんが立派。怒鳴りつけて営業部を帰し、引き続き話すことができました」

広瀬を降ろせとの動きは放送中もあったようだ。藤本は近著『無条件幸福論』で「ディレクターの指示がスタジオに飛んだ。『ヒロセのカオをウツスな』『ゲンパツのワダイをウチキれ』……」。これを拒否した藤本は「電力会社に不都合なことは、即テレビ局にとっても不都合なのである」と記した。

広瀬は取材に、電力会社へのテレビ局の対応を語った。「びびるんですよね。あいつら（電力会社）が近寄ってきたら、『なんだ!』と怒鳴りつけないといけない」

かつて東京12チャンネル（現・テレビ東京）の名物ディレクターだった評論家・田原総一朗。77年に退社した経緯をNHK放送文化研究所の月報「放送研究と調査」２００８年10月号で明かしている。

きっかけは、月刊誌の連載で大手広告会社が東京電力と組んで反原発の住民運動の対策をやっていた、と書いたことだった、という。

その広告会社が「テレビ東京に『連載を続けるならスポンサーを降りる』と圧力をかけた。僕はテレビ東京の上から『連載をやめるか、会社をやめるか』という選択を迫られた」。

評論家となったのち、司会を務めたテレビ朝日「サンデープロジェクト」には東電がスポンサーにつく。

「圧力がかかるようなものをやるのがマスコミの仕事」と考える田原は、原子力を扱う回は東電にスポンサーを降りるよう交渉し、了解を得たという。

田原は言う。「電力にカネがあるから（原発報道が）できない、というのはウソ。マスコミ側の自己防御だ」

（2012年10月3日）

そんなタブー視された原発問題に果敢に挑戦したミュージシャンもいた。だが、「彼」も苦労したようだ。

発売中止にされた歌

「素晴しすぎて発売出来ません」

1988年6月22日の朝日新聞の商況面に不思議な広告が載った。人気ロックグループのレコードの発売中止について、東芝EMI（当時）がそんな言葉で明らかにした。

レコードは、RCサクセションのシングル「ラヴ・ミー・テンダー」とアルバム『COVERS』。シングルA面「ラヴ・ミー・テンダー」は、ボーカリスト忌野清志郎《いまわのきよしろう》がエルビス・プレスリーの曲に日本語の歌詞をつけた。

「何言ってんだー　ふざけんじゃねぇー　核などいらねえ」「放射能はいらねえ　牛乳を飲みてえ」「たくみな言葉で　一般庶民をだまそうとしても　ほんの少しバレてる　その黒い腹」

B面「サマータイム・ブルース」の歌詞も忌野が手がけた。

「人気《ひとけ》のない所で泳いだら　原子力発電所が建っていた」「東海地震もそこまで来てるだけどもまだまだ増えていく　原子力発電所が建っていく」「それでもTVは言っている『日本の原発は安全です』　さっぱりわかんねえ　根拠がねえ」

この2曲はアルバムにも収められていた。

この広告掲載後、「御質問は一切御返事を差し控えさせていただきたい」といったコメントしか出さなかった東芝EMI。

福島の原発事故後の11年8月の毎日新聞記事によると、当時の邦楽部門の最高責任者が取材にこう語ったという。

「すごい圧力はなかったと思いますが、子会社が自粛したような格好だったかな」

東芝EMIには、東芝が出資していた。日立製作所、三菱重工業と並ぶ原子炉メーカーだ。

結局、レコードは別会社から出された。歌の世界でも、原発がタブーであることを示す象徴的な出来事といえる。当時の東芝ＥＭＩの責任者への取材は断られた。
忌野は２００９年５月２日に58歳で亡くなった。
２年後の命日。親交のあった歌手らが日本武道館で開いた追悼ライブ会場に男性歌手が登場した。この歌手はライブ前に反原発の替え歌を歌い、動画サイトで話題になっていた。歌手は冗談めかして言った。「清志郎さん、まだまだ替え歌は怒られちゃいますよ」

（２０１２年10月10日）

電力会社の話に戻るが、その姿勢は、２０１１年の東電福島第一原発事故を経ても変わらなかった。次に引用する記事の前段は、原発事故後の東電の話である。「営業ルートで」という言葉に注意してほしい。後段でそれが過去から続いてきたことを示す。

「営業ルートで抗議しています」

「日曜日の朝のテレビ局の報道ぶりが非常によくない。とくにＴＢＳの『関口宏のサンデーモーニング』でですね、東京電力は何もやってないというような言いっぷりが、出されたようですので、営業ルートで今すぐ抗議しております」

2011年3月の福島第一原発事故直後の東京電力のテレビ会議の映像に、「広報班」の男性の発言が残っていた。13日午前11時ごろだ。男性は続けた。「ほかにも目に余る部分があれば、きちんと厳正に対処したいと思っております」

TBS広報部は取材に対し「社内調査をしたが、抗議を受けたという事実は確認できなかった」。一方、東電広報部は「(発言した男性に)確認したものの、当該発言についての記憶もない」などとして、「真偽については不明」との答えを寄せた。

電力業界のメディアへの「抗議」は、これ以前にもあった。

経済評論家の内橋克人《うちはしかつと》(80)は原発事故後に出した本で、「ここに電気事業連合会(電事連)の行ってきた『報道統制』を思わせるおびただしい資料がある」とし、電事連が「関連報道に関する当会の見解」として頻繁にホームページに載せた文章を取り上げた。

例えば、週刊朝日は06年6月に「知ってますか? 試運転中 六ヶ所再処理工場の切なさ」とした記事を出した。

内橋によると、電事連は「(この)わずか4ページの記事に計7項目に及ぶ詳細な『抗議』」をしたと指摘。電事連は「不的確な記述や事実誤認の記述などが見られます。正確な情報に基づき、正しいご理解を賜りたいと存じます」と求めたと書いた。

電事連はNHKや日本テレビ、共同通信などの報道についても、「当会の見解」を示してきた。一連の対応について、内橋はこう記している。

「当方の主張が『事実』であり、そちらはデマか誤認だと断じる。巨大スポンサーとして君臨するものの発する『抗議』の『ブラフ（脅し）効果』は計り知れないものがあるだろう」

（2012年9月27日）

一方、事故の前、視聴率の高い報道・情報番組の多くに、電力会社が提供スポンサーになっていた。原発関連の報道に影響を与えていた可能性は否定できない。その豊かな資金力にぶらさがるタレントも少なくなかった。しかし、それを拒否した人がいたので、そうした電力会社の手法の一端を描くことができた。

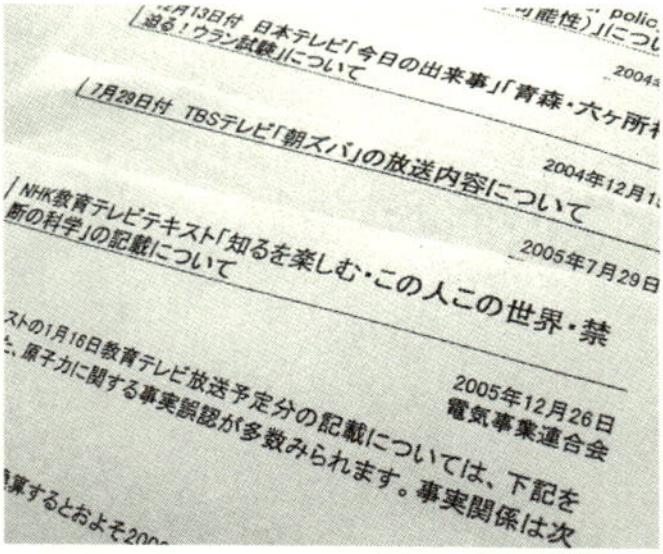

電事連がメディアに示した「当会の見解」の一部。ホームページに一時掲載されていた（内橋克人氏提供）

広告塔の対価

「原子力発電の啓蒙を目的とした新聞広告ご出演の依頼です」。テレビやラジオへの出演も多いスポーツライター・玉木《たまき》正之《まさゆき》（60）に対し、広告会社から地方のブロック紙への出演依頼が舞い込んだ。日付は20

10年6月の「吉日」だった。

そのA4一枚の企画書には広告の趣旨が書かれていた。

「原子力発電についての正しい知識を伝え、かつ市民に広くご理解いただくためには、オピニオンリーダーたる貴殿の口から語られる『真実の言葉』の影響力が不可欠と考えております。『実はよくわからない』『これを機に学びたい』などでも構いません。嘘のない正直な言葉をお聞かせいただければと思います」

体を壊して復帰したばかりの玉木は、出演に乗り気だった。一方で、原発に単純に反対はしないが、疑問を持っていた。

電話口で広告会社の社員に言った。「使用済み核燃料がたまっている。考えないといけないのでは」。すると、求められた。「もうちょっと、原発に肯定的なことも言っていただきたい」

話は出演料に移り、500万円と打診された。玉木は驚く。「想定の10倍。出ると自分を否定しないといけない」。話はご破算になった。

翌11年3月、東京電力福島第一原発事故が起きた。玉木は事故をテレビで見た瞬間、「広告に出なくてよかった」と感じた。広告に出た他の人を批判するつもりはないが、こう考えた。「高い出演料も、電気料金に跳ね返っていた」

電力会社や国は福島の原発事故が起きる前、著名人を起用した広告を数多く出してきた。玉木への出演依頼文からもうかがえるように、原発推進を直接PRするのではなく、原発の専門家に質問したり、原発を訪問して学んだり、といった演出の仕方もあった。

これに対し、評論家の佐高信《さたかまこと》（67）は雑誌「週刊金曜日」11年4月15日号で「電力会社に群がった原発文化人25人への論告求刑」と題し、原発のいわば「広告塔」となった著名人の実名を列挙。「（電力業界は）巨額のカネを使って世論を買い占めてきた」と指摘し、高額ギャラによる著名人の利用を「札束で頬をたたくやり方」と書いた。

（2012年9月21日）

東電の原発事故のあと、電力会社の巨額の広告費に批判が集中したのは当然だった。結論を先にいえば、従来のように広告宣伝費を電気料金の算定の元になる原価に入れることができなくなった。その経過も連載の中で描いた。

原価から除外へ

東京電力福島第一原発の事故から8カ月余りたった2011年11月22日。電気料金制度・運用の見直しに向けた経済産業省の有識者会議で、学習院大学特別客員教授の八田達《はったたつ》夫《お》が疑問の声を上げた。

「メディアは広告費をもらうことで電力会社に依存し、原発批判ができなくなってきました」

それで、電気料金の算定の元になる原価に広告費を認めるべきではない、と主張した。

新聞やテレビへの広告費用からなる電力10社の11年3月期の「普及開発関係費」計866億円は、5年前に比べて約16%の減だった。08年のリーマン・ショックなどを受けてトヨタ自動車がこの間、1029億円から499億円に半減させたのとは対照的だ。

電力が広告費を安定して確保できたのは、それが電気料金の原価として認められてきたからだ。

だが、経産省は八田ら有識者会議の指摘も踏まえ、2012年3月、家庭向け料金を値上げする際の新ルールで、必要不可欠なものを除き、イメージ広告やオール電化のPR目的のものは原価に認めないことにした。

すでに東電は4月に出した総合特別事業計画で、11年3月期の普及開発関係費269億円を13年3月期は33億円に減らす見通しを示し、9月の家庭向け料金の値上げでも普及開発関係費を大きく減らした。

九州電力も12年春、九州地域で放映されてきた「未来への羅針盤」「探Qサイエンス」

「窓をあけて九州」といったテレビ番組のスポンサーを降板、これらの番組は打ち切られた。九電は原発が止まって火力発電の燃料費が増え、経費削減のために広告費に切り込んだのだ。

供給区域が震災で甚大な被害を受けた東北電力も「提供番組は一部、不定期に放送しているものを除き休止中。(CMも)節電のお願いを中心に必要最小限の範囲で実施していきたい」(広報・地域交流部)としている。

他社も今後、広告費を減らしていくのは必至だ。

（2012年9月12日）

4　その額、2兆4千億円

夕刊連載「原発とメディア」の「マネー」編では、実質的にカネの力によって、メディアが原子力村に取り込まれてしまった経緯と現状を描いた。

ただ、私は、この「マネー」編で描いた「普及開発関係費(広告宣伝費)」が、過去をふくめて総額でどれほどになるのか、いつか書きたいと思っていた。いわば「安全神話」への投資だ。

折しも、「原発とメディア」の特集記事をつくる計画が持ち上がったので、ここぞとばかり、電力各社の有価証券報告書で「普及開発関係費」を調べ始めた。

問題は原発の商業利用が始まったころの有価証券報告書が、通常の手段ではなかなか手に入らないことだった。それで地方の大学の図書館に出向き、倉庫のような書庫で、その地の電力会社の古い有価証券報告書を、寒さに震えながらめくった。

そうして、2012年12月28日夕刊で、次の記事を書いた。特設面にも解説記事を書いた。

○原発保有9社、広告2・4兆円　稼働後42年間　米事故後に急増(1面)

原発を持つ大手電力9社が1970年度からの42年間で、計2兆4千億円を超える普及開発関係費(広告宣伝費)を支出していたことが朝日新聞の調べで分かった。米国・スリーマイル島で原発事故が起きた70年代後半から急増。メディアに巨費を投じ、原発の推進や安全性をPRしてきた実態が浮き彫りになった。

普及開発関係費は新聞広告やテレビCM、PR施設運営などにあてられる費用。マスコミへの接待や自民党の機関紙への広告費に使われたこともあった。各社の有価証券報告書に記載されており、大手では初めてとなる関西電力美浜原発が稼働した70年度から201

1年度（12年3月期）までの42年間を調べた。9社総額は2兆4179億円で、会社別の最多は東京電力の6445億円、次いで関電の4830億円。東北、中部、九州の3社も2千億円台半ばだった。年別では、79年の米国・スリーマイル島事故までは9社で計200億円弱だったが、旧ソ連・チェルノブイリ原発事故が起きた86年には400億円を突破した。

電力9社の普及開発関係費（広告費）の推移

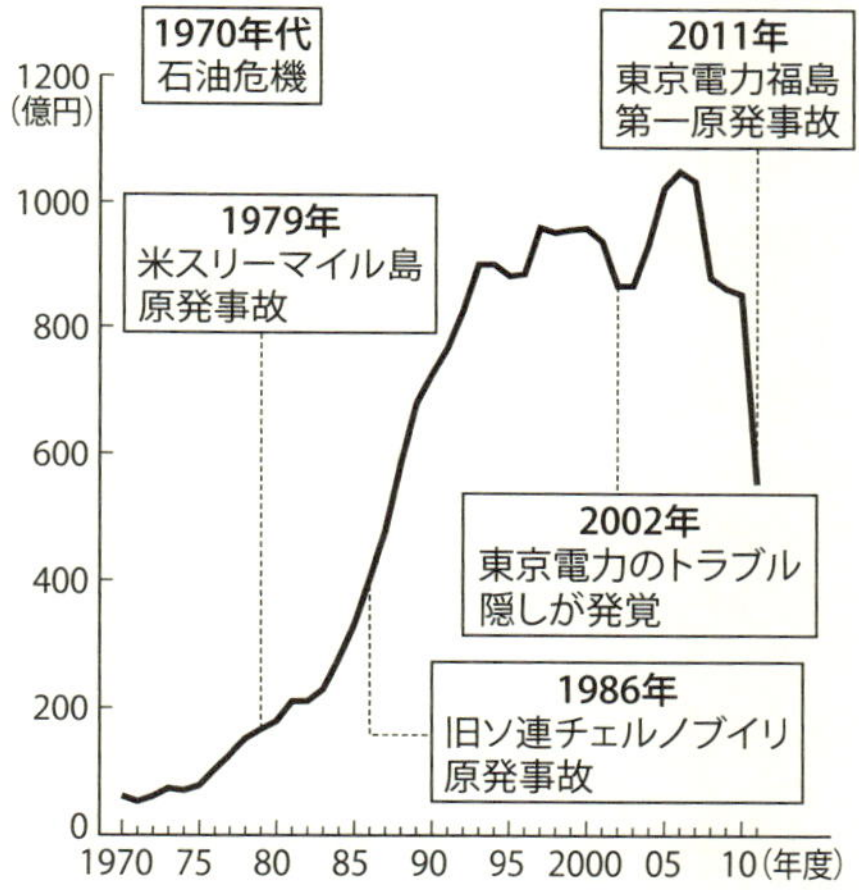

　地域の独占企業である電力会社には競争相手が事実上いないのに、最近の普及開発関係費は年別で計約1千億円に上っていた。この額は自動車・家電のトップメーカーと同規模だ。

　普及開発関係費については、利用者が支払う電気料金の算定のもとになる「原価」に組み込むことが認められてきたが、経済産業省は2012年3月、料金値上げの新ルールで、必要不可欠なものを除

電力９社の普及開発関係費（1970〜2011年度）

北海道	1266億円
東北	2616億円
東京	6445億円
中部	2554億円
北陸	1186億円
関西	4830億円
中国	1736億円
四国	922億円
九州	2624億円
合計	２兆4179億円

（億円未満は切り捨て）

いて原価に認めないことにした。

福島第一原発事故を起こした東電は翌４月、10年度（11年３月期）分２６９億円の内訳を初めて公表。テレビ・ラジオ放送費に70億円、広告・広報掲載費に46億円、ＰＲ施設運営費に43億円を使っていたことを明らかにした。

東電広報部は取材に「広告宣伝費はほかの企業と比べて突出しておらず、報道に圧力をかけたこともない」と説明している。

○巨額広告費で発言力　電力業界 原発批判報道に抗議（特設面）

42年間で計２兆４１７９億円。原発を持つ電力９社が投じてきた普及開発関係費（広告宣伝費）は、地域の独占企業として競争相手がいないにもかかわらず、自動車・家電のトップメーカーに匹敵する。背景に何があったのか。

「原子力の広報には金がかかりますよ。しかし、単なるＰＲ費ではなく、建設費の一部とお考えいただきたい」。電気事業連合会広報部長だった故鈴木建氏は電力各社の社長会でそう述べたと自著に記している。

実際に普及開発関係費の9社総額は、各地で原発の建設計画が動き出す70年代後半に100億円を突破。80～90年代は米国・スリーマイル島や旧ソ連・チェルノブイリの原発事故で反原発の声が高まるのに対応するかのように増え、2005～07年度はそれぞれ1千億円を超えた。

電力業界は普及開発関係費をCMや意見広告の費用にあてたほか、有力な報道・情報番組のスポンサーになるなど、巨額を投じることでマスコミへの「発言力」を増した。一方、原発の安全性を疑問視する報道には強く抗議してきた。

東京電力福島第一原発事故の後、ツイッターなどには「メディアは電力業界からの広告費で『原子力村』の一員になった」という批判が噴出。2011年11月には、電気料金制度・運用の見直しに向けた経済産業省の有識者会議で「メディアは広告費をもらうことで電力会社に依存し、原発批判ができなくなっていた」との指摘が出た。

原発広報に関わったことがある広告会社の社員は「電力の広告単価は他業界に比べ相当高かった。それはメディアに『原発推進の側にいてくれ』という狙いが込められていた」と話す。

（記事から）

私の「マネー」編を含む長期連載「原発とメディア」という検証記事は、原発事故のあと朝日新聞が自ら企画した。実際に朝日新聞の先輩記者の名前まで入れて紙面に出せたことは、私自身、救われる思いがした。

あとがき

日本の「原子力村」は世界の中でもっとも強く大きい。

およそ半世紀にわたり原発の「安全神話」に寄りかかって、福島第一原発を含め50基を超す商業炉をつくった日本。この過程で原発を中心に置いた利益共同体「原子力村」という化け物を生み出してしまった。

本書で描いたとおり、それは5年前のあの過酷事故を経ても、崩壊することはなかった。だから、民主党政権の「原発ゼロ」方針は、2012年末の安倍政権発足であっさり白紙に戻されてしまい、原発再稼働へと動いている。脱原発への展望はまったく見えないように見える。

だが、本当にそうだろうか。

なにより、事故のあと、日本人の意識に大きな変化があった。多くの人々があのような悲惨な原発事故を二度と起こしてはいけない、と思っている。事実、朝日新聞の15年8月の世論調査だと、原発の今後について、「ただちにゼロにする」が16％、「近い将来ゼロにする」58％と、「ゼロにはしない」22％を大きく上回った。

新聞の社説などを見ても、朝日新聞が11年7月、「原子力発電に頼らない社会を」と打ち出したのに加え、毎日新聞、東京新聞も脱原発の立場を明確にした。脱原発の取り組みを国に求める社説を掲げた地方紙もある。

もはや国民の多くは、原子力に「夢のエネルギー」などという甘い期待を抱いていない。11年の原発事故の後、原子力関係の企業に就職したいという学生が大きく減ったとのデータもある。原発事故が、そうした形で若者の意識にも影響している。

世界を見渡せば、国民の声を受けて脱原発にかじを切った先進国が少なくない。ドイツはメルケル政権が東電の原発事故のあと、すぐさま脱原発への転換を表明。ウラには脱原発をかかげた緑の党の地方選の躍進があった。イタリアも東電の原発事故のあとの11年6月、国民投票で政権の原発再開方針を多数で否決した。

客観的に見ても、原発への逆風が強まっている。

東電の原発事故のあと、節電が進んだ。電気事業連合会によると、震災前、大手電力10社の夏の最大電力の合計は、ほぼ1億7千万〜1億8千万キロワットだった。それが震災後の11年夏から14年夏は、1億5千万キロワット台で推移している。十数％減った計算だ。

家庭や企業で照明をLEDに替えたり冷房の設定を高めにしたりする取り組みが広がった。

一方、再生可能エネルギーは著しく拡大している。とりわけ、太陽光発電の導入量は15年3月末時点で、原発十数基分に相当する約2700万キロワットにまで拡大した。12年に始まった再生可能エネルギーの固定価格買い取り制度が拡大を後押しした。

そうした状況を受けて、「原子力村」が以前、盛んに吹聴していた「100万キロワットの原発と同じ電気を太陽光発電でつくるには、東京にある山手線内側ぐらいの広さが必要だ」という主張は消えてしまった。世界的には、風力発電がぐんぐん伸びている。

原発が「安い」電源だとも言えなくなった。本書の第3章に書いたが、立命館大学の大島堅一教授らが、東電の原発事故の対策費用を含めて原発の発電コストを分析・試算すると、少なくとも11・4円（1キロワット時あたり）となり、10円台の火力発電より割高になった。

電力自由化が進んだ先進国では原発の新規投資がほとんどない。巨額の建設費用を確保するのが困難なためだ。しかも、建設・維持費用は安全規制の強化で増える一方だ。そんな状況だから、フランスの原発メーカーのアレバは経営危機に陥った。東芝は2006年に米国の原発メーカー・ウェスチングハウスを買収したが、いまや経営の重荷になっている。

原発事故のあと日本でも、電力自由化のスケジュールが組まれた。「原発ぬき」の電気を選びたい、という消費者の動きが広がる可能性がある。産業界には、老朽化した原発の廃炉を見据えてリプレース（建て替え）への期待があるが、電力会社はそう簡単には投資できまい。

本書の第5章に書いたが、そもそも「原子力村」には、原発の黎明期《れいめい》からあった「原発のごみ」をどうするか、という問題が立ちはだかっている。

14年2月の東京都知事選で、脱原発を掲げた細川護熙・元首相とタッグを組んだ小泉純一郎・元首相が語った言葉がいまも耳に残る。「核のごみの最終処分場のメドをつけられると思う方が楽観的で無責任すぎる」

細川元首相は都知事選に惨敗したとはいえ、この問題の解は見つかっていない。国内の各原発にある燃料プールの容量は限界に近づいている。原発を再稼働させると、再び使用済み核燃料が増えてしまう。

さて、どうするのか。

あれほど強大だった徳川幕府も、あっけなく崩壊した。「原子力村」は、そんな悪夢におびえ、かたくなに原発にしがみついているのではないか。民意を無視してつくられた「エネルギー基本計画」も、そうした切羽詰まった「原子力村」の焦りが反映しているように見える。

「原子力村」は、実は追い詰められているのだ――。

なお、本書で引用した私の数々の記事は、問題意識を持つ多くのデスク陣の支えがあって紙面に出せたことを強調しておきたい。経済部では、永田稔、大海英史、寺光太郎の各氏に、「プロメテウスの罠」では松本仁一、依光隆明、前田史郎の各氏に、「原発とメディア」では西村磨氏に原稿を見てもらった。この場を借りて礼を言いたい。

書籍化で大変な苦労をかけた平凡社新書編集部の岸本洋和氏にも感謝申し上げたい。

2016年1月

朝日新聞編集委員　小森敦司

本書第6章「買われたメディア」は、朝日新聞「原発とメディア」取材班『原発とメディア2』(朝日新聞出版、2013年)「第六章 マネーの力」が初出です。

なお、本書に合わせて表記などを変更しています。

【著者】
小森敦司（こもり あつし）
1964年東京都生まれ。上智大学法学部卒業。87年、朝日新聞社入社。千葉・静岡両支局、名古屋・東京の経済部に勤務。金融や通商産業省（現・経済産業省）を担当。ロンドン特派員（2002～05年）として世界のエネルギー情勢を取材。社内シンクタンク「アジアネットワーク」でアジアのエネルギー協力策を研究。現在はエネルギー資源・環境分野などを担当。著書に『資源争奪戦を超えて』（かもがわ出版）、共著に『失われた〈20年〉』（岩波書店）、『エコ・ウオーズ』（朝日新書）など。

平凡社新書８０３

日本はなぜ脱原発できないのか
「原子力村」という利権

発行日――2016年２月15日　初版第１刷

著者――小森敦司

発行者――西田裕一

発行所――株式会社平凡社
東京都千代田区神田神保町3-29　〒101-0051
電話　東京（03）3230-6580［編集］
　　　東京（03）3230-6572［営業］
振替　00180-0-29639

印刷・製本―図書印刷株式会社

装幀――菊地信義

ISBN978-4-582-85803-7
NDC分類番号543.5　新書判（17.2cm）　総ページ224
平凡社ホームページ　http://www.heibonsha.co.jp/